Carsten Germann

DIE AUTOS DER FUSSBALL-STARS

Ronaldo, Matthäus, Zidane, Klopp, Best & Co.

Motor
buch
Verlag

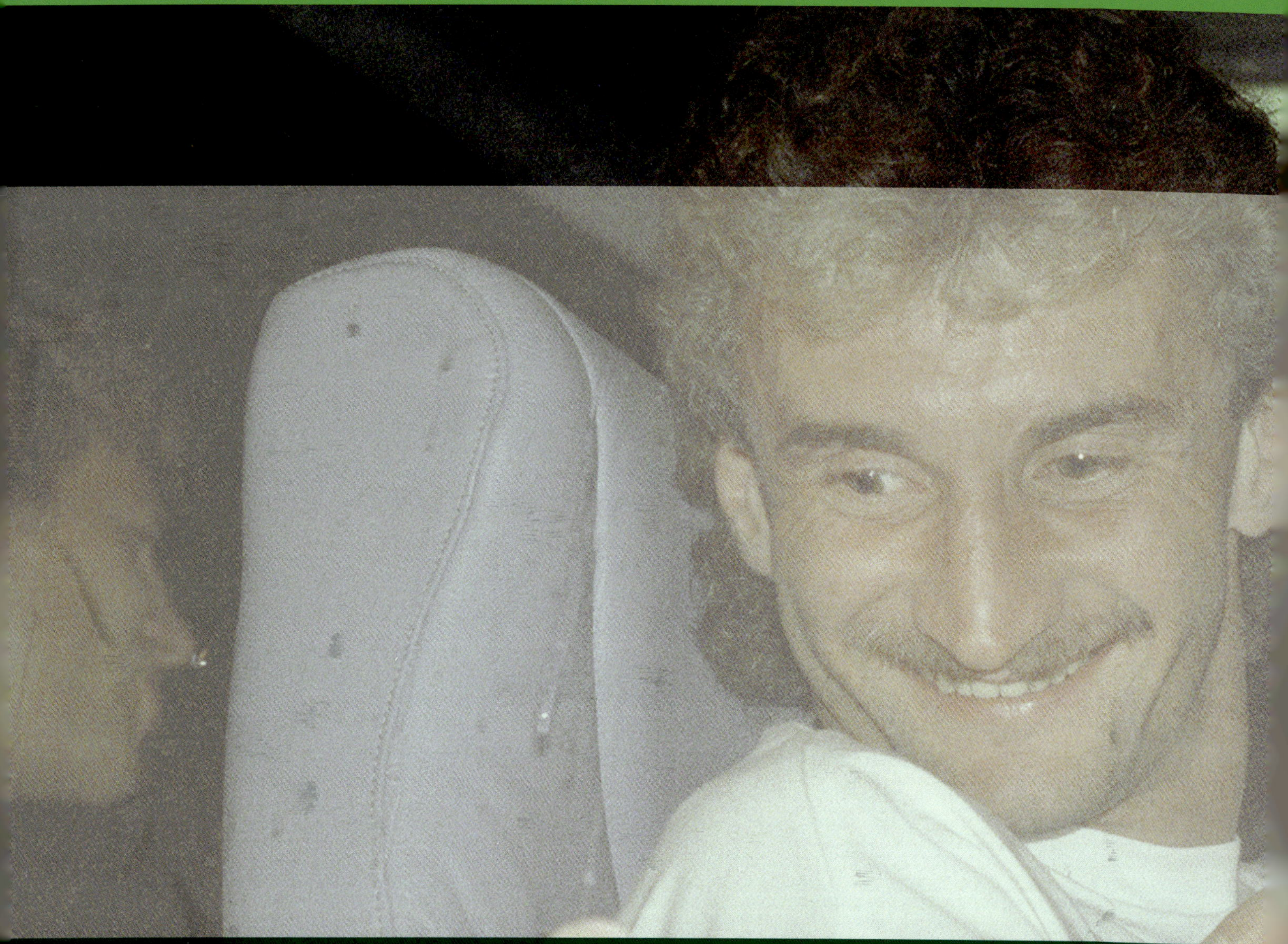

IMPRESSUM

Einbandgestaltung: Sven Rauert

Eine Haftung der Autoren oder des Verlages und seiner Beauftragten für Personen-, Sach- und Vermögensschäden ist ausgeschlossen.

ISBN 978-3-613-04839-3

Copyright © by Motorbuch Verlag, Postfach 103743, 70032 Stuttgart
Ein Unternehmen der Paul Pietsch Verlage GmbH & Co. KG

Sie finden uns im Internet unter
www.motorbuch-verlag.de

1. Auflage 2026

Dieses Buch wurde nach den geltenden Vorschriften der General Product Safety Regulation (GPSR) entwickelt. Bei Fragen oder Problemen wenden Sie sich bitte an den Verlag unter der folgenden E-Mail-Adresse: gpsr@paul-pietsch-verlage.de

Nachdruck, auch einzelner Teile, ist verboten. Das Urheberrecht und sämtliche weitere Rechte sind dem Verlag vorbehalten. Übersetzung, Speicherung, Vervielfältigung und Verbreitung einschließlich Übernahme auf elektronische Datenträger wie CD-ROM, DVD usw. sowie Einspeicherung in elektronische Medien wie Internet usw. ist ohne vorherige schriftliche Genehmigung des Verlages unzulässig und strafbar.

Lektorat/Redaktion: Motorbuch Verlag
Innengestaltung: Sven Rauert
Impressum: Druck und Bindung:
DZS GRAFIK d.o.o, 1210 Ljubljana, Slovenia

INHALT

DAS VORWORT: FUSSBALLSTARS UND IHRE AUTOS – DIE NÄCHSTE TOP-ELF	04
BILDNACHWEIS	05
KAPITEL 1: MARKO ARNAUTOVIC & SAMUEL ETO'O – ECHTE FUSSBALLER-AUTOS	06
KAPITEL 2: ROBERTO BAGGIO: LEGENDE IM LANCIA	18
KAPITEL 3: FRANZ BECKENBAUER: GUTE (AUTO)-FREUNDE KANN NIEMAND TRENNEN	28
KAPITEL 4: GEORGE BEST: SCHNAPS, SCHNELLE AUTOS, SCHÖNE FRAUEN	38
KAPITEL 5: FABIEN BARTHEZ: BENZIN IM BLUT – ZWEITE KARRIERE EINES FUSSBALL-WELTMEISTERS	48
KAPITEL 7: HARRY KANE: HARRY, WIR BRAUCHEN DEN WAGEN!	58
KAPITEL 8: LOTHAR MATTHÄUS – DIE AUTOS MÜSSEN ZUM GÜRTEL PASSEN	70
KAPITEL 9: KYLIAN MBAPPÉ: ERST SUPER-AUTO-FLOTTE, DANN DIE LICENCE FOR KYL	82
KAPITEL 10: JOSÉ MOURINHO: DIE AUTOS DES „SPECIAL ONE"	92
KAPITEL 11: MARCO REUS – FAHR AN EINEM ANDEREN TAG!	102
KAPITEL 12: CRISTIANO RONALDO: AUTO-PRUNK AM GOLF	112
KAPITEL 13: ARTURO VIDAL: KÖNIG ARTURO GIBT SICH DIE EHRE: MAL 900, MAL EIN PS	122
KAPITEL 14: ZINÉDINE ZIDANE: MONSIEUR 100.000 PS	132
MEISTER-AUTOS (1): DEUTSCHLAND – WIR AUTO-WELTMEISTER!	144
MEISTER-AUTOS (2): EINTRACHT BRAUNSCHWEIG – SO VIEL MEISTER-AUTO-WUNDER WAR NIE	162
MEISTER-AUTOS (3): RED BULL SALZBURG – AUTOS, KLOPP & TORE AUS HANGAR 7	172
MEISTER-AUTOS (4): RB LEIPZIG – DIESE AUTOS VERLEIHEN FLÜGEL	184

FUSSBALLSTARS UND IHRE AUTOS – DIE NÄCHSTE TOP-ELF

Liebe Leserinnen, liebe Leser,

schön, dass Sie wieder dabei sind! »Die Autos der Fußballstars«, 2023 und lange vor Band eins eigentlich nur eine fixe Idee, ist jetzt ein Erfolgskonzept. In keiner anderen Mannschaftssportart gehören Autos so sehr zum Prestige wie im Fußball. Mal Statussymbol, mal edles Geschenk, mal Familienkutsche, mal Firmenwagen. Fußballstars und ihre Autos sind im Alltagsgeschäft – oder, wie Karl-Heinz »Kalle« Rummenigge in München auch für »das offene Wort« zuständig ist, es formulierte – im »Brot-und-Butter-Geschäft« der Medien immer eine Schlagzeile wert.

PERSÖNLICHE BEGEGNUNGEN MIT »ARNIE«, KANE, REUS UND CO.

Vor allem, wenn die Aktualität in unserer bewegten Zeit, die kaum noch Raum für schlichte Fußballberichterstattung lässt, plötzlich Fragen aufwirft: Was passiert mit den Autos von Fußballstar Cristiano Ronaldo, die er in Saudi-Arabien fährt?
Wenn Real-Madrid-Stürmerstar Kylian Mbappé angeblich so viele Luxusautos besitzt, wieso sieht man ihn nie selbst am Steuer?
Welche Auto-Geschichten stecken hinter Social-Media-Postings von Marko Arnautović oder »König Arturo« Vidal? Welche Wege nahmen ihre Autos, nachdem sie sie abgaben oder veräußerten? Hat Lothar Matthäus mal ein Auto gemietet – und wenn ja, wie viele ... ähm ... wie endete diese Story?
Fragen, ohne die so ein Buch nicht geht. Nicht gehen kann. Für mich war es beim Erstellen immer wieder eine Herausforderung, diese Fragezeichen aufzulösen. Es war mir wie immer eine Freude, meine persönlichen Begegnungen oder Interviews mit den vorgestellten Auto-Fußballstars aus mehr als 25 Berufsjahren zwischen Schreibtisch und Stadion einzubringen – von Marko Arnautović über BVB-Idol Marco Reus bis zu »König Arturo« Vidal, der gern auch mal auf ein PS umsattelt. Ich habe abermals versucht, diese Begegnungen nicht allzu aufdringlich zu platzieren.

FUSSBALLSTARS ALS MOTORSPORTLER – NICHTS GEGEN DIE ZWEITE KARRIERE ...

Im zweiten Band unserer kleinen Reihe gilt wieder: »You'll never drive alone« – und es läuft eine absolute Top-Elf auf. Sie wird eskortiert von internationalen Meisterteams auf ihren Triumphzügen – Eintracht Braunschweig, RB Leipzig und der FC Red Bull Salzburg auf den Touren der fußballerischen Glückseligkeit.
Und das Line-up? Mit Torhüter Fabien Barthez, der am Schaltknüppel von Rennautos ebenso sicher ist wie als französischer Nationalkeeper bei Elfmetern. Fußball-Legende »Kaiser« Franz Anton Beckenbauer hat die Position des »Libero« erfunden – und seine Auto-Biografie ist Teil seiner Erfolgsstory.
Im Mittelfeld zieht Rekordnationalspieler Lothar Herbert Matthäus die Fäden. Der Weltmeister von 1990 ist einer, der sich vom grünen Rasen auch in den Motorsport wagte.
Der Faszination Motorsport ist auch Frankreichs Idol Zinédine Zidane erlegen. Und was wäre ein solches Buch ohne einen Italiener? Roberto Baggio, »der Mann, der im Stehen starb«, war der beste Fußballer seiner Zeit – und profitierte von einem einmaligen Vertrauensverhältnis zu einem Auto-Patriarchen. Dinge, die es so im Fußball heute nicht mehr gibt! Aber wie sagt mein Walking-Football-Freund und geschätzter Kollege Matthias »Schorsch« Kasper immer wieder? – »Gut, das waren die Neunziger!«
Harry Kane hat beim FC Bayern München die Torrekorde in der Bundesliga neu definiert – und auch im Umgang mit Autos ist der Engländer ein Trendsetter.
Wobei es bei allem Respekt vor Harry Edward Kane sicher nie wieder einen britischen Spieler geben wird, der derart auf der Überholspur lebte wie der 2005 verstorbene George Best.

WELTKLASSE-TRAINER FÜR DIE »AUTO-ALL-STARS«

Eine Top-Elf braucht auch einen Star-Trainer. Das sind natürlich Jürgen Klopp, inzwischen zum »Head of Global Soccer« eines eigentlichen Motorsport-Giganten aufgestiegen, und »The Special One«, Senior José Mourinho aus Portugal mit seinen »Special Cars«.
Sie liefern eine Fülle an Anekdoten. Egal, was morgen auf dieser Welt noch passiert: Es sind Fußball-Auto-Geschichten für die Ewigkeit.

»YOU'LL NEVER DRIVE ALONE.«

Carsten Germann, im Sommer 2026

Albert Cooper/Mirror Syndication International/Mirrorpix via Getty Images (46); Alberto Valdez - Pool/Getty Images (122); Alessandro Sabattini/Getty Images (18, 21, 24); Alex Grimm/Bongarts/Getty Images (160); Alexander Hassenstein/Bongarts/Getty Images (107); Alexandre Simoes/Borussia Dortmund via Getty Images (107); Allsport Hulton/Archive / via Getty Images (41); Allsport UK /Allsport / Getty Images (40); Alpine (135, 136, 138, 139, 143); AMA/Corbis via Getty Images (93); Andreas Rentz/Bongarts/Getty Images (140); Andreas Schaad - FC Red Bull Salzburg/FC Red Bull Salzburg via Getty Images (173, 177, 178); Andrew Parsons/PA-Pool/Getty Images (45); ANDREW YATES/AFP via Getty Images (118); Angel Martinez/Real Madrid via Getty Images (97, 117); AOP.Press/Corbis via Getty Images (55); Aston Martin (10, 97, 97, 109); Audi AG (60, 64); Auto Medienportal (159, 160, 161); Ben Radford/Corbis via Getty Images (114); Bettmann/Getty Images (31); Bill Kennedy/Mirrorpix/Getty Images (40); BMW AG (9, 86, 134); Bongarts/Getty Images (29, 32, 73, 79, 155, 156, 157); Boris Streubel - UEFA/UEFA via Getty Images (83); Boris Streubel/Getty Images (130); Brabus (116); Bruno de Carvalho/SOPA Images/LightRocket via Getty Image (92, 101); Bryn Lennon/Getty Images (96); Carsten Germann (4); Chris Lobina /Allsport/Getty Images (51); Christian Liewig/TempSport/Corbis via Getty Images (51); CHRISTIAN MIRANDA/AFP via Getty Images (125); Christof Koepsel/Bongarts/Getty Images (105, 128); CHRISTOF STACHE/AFP via Getty Images (11, 63, 65); Daily Mirror/Daily Mirror/Mirrorpix via Getty Images (38, 42); Darren Heath/Getty Images (140); Dave Hogan/Getty Images (39); David Ashdown/Getty Images (98); David Cannon/Allsport/Getty Images (72, 74); David Geieregger/SEPA.Media /Getty Images (175); Dean Mouhtaropoulos/Getty Images (102); dpa/Picture Alliance (84, 86, 104, 145, 146, 147,148, 149, 150, 151, 153, 154, 162,164, 165, 165, 166, 168, 170, 171, 185, 186, 191); Eddy LEMAISTRE/Corbis via Getty Images (138); EyesWideOpen/Getty Images (58, 64); F. Noever/FC Bayern via Getty Images (61); Ferrari (20, 51, 90, 120, 125); FRANCK FIFE / AFP via Getty Images (85, 87, 88); Frederic Stevens/Getty Images (87); GABRIEL BOUYS/AFP via Getty Images (52, 53, 132, 135); Genia Savilov/Bongarts/Getty Images (104); GEOFF CADDICK / AFP via Getty Images (14); Gerlach Delissen/Corbis via Getty Images (54); Giuseppe Bellini/Getty Images (8); GUILLAUME BONNAUD/AFP via Getty Images (56); Guillaume Souvant / AFP via Getty Images (141); Harry Langer/DeFodi Images/DeFodi via Getty Images (59); Hassan Ali Elmi / AFP) (Photo by HASSAN ALI ELMI/AFP via Getty Images (10); Hendrik Deckers/Borussia Dortmund via Getty Images (109); Ian MacNicol/Getty Images (161); Image Photo Agency/Getty Images (23, 70); Imago Images (26, 27, 106, 157, 176, 178, 183); IMAGO / ANP (100); IMAGO / Ball Raw Images (120); IMAGO / Buzzi (77); IMAGO / Cordon Press/Miguelez Sports (119); IMAGO / Eibner (66, 127, 177); IMAGO / Fred Joch (75, 76, 81); IMAGO / Future Image (99); IMAGO / HJS (81); IMAGO / HochZwei (120); IMAGO / Insidefoto (17); IMAGO / Jam Press (121); Imago Images/Werek (30, 31, 33, 34, 35, 36, 153); Jaguar Land Rover (JLR) (95); Jan Kruger/Getty Images (6); Jean Catuffe/Getty Images (85); Jérôme Prevost/TempSport/Corbis/VCG via Getty Images (18); Joan Valls/Urbanandsport/NurPhoto via Getty Images (128); Johannes Simon/Bongarts/Getty Images (128); JOHN MACDOUGALL/AFP via Getty Images (34); John Madden/Getty Images (45); Juventus FC - Archive/Juventus FC via Getty Images (24); Ker Robertson/Getty Images (57); KERSTIN JOENSSON/AFP via Getty Images (179); Kevin Fitzpatrick/Mirrorpix via Getty Images (44); LIONEL BONAVENTURE/AFP via Getty Images (52); Liu Lu/VCG via Getty Images (82); LOU BENOIST/AFP via Getty Image (142); Luis ROBAYO / AFP via Getty Images (129); Lutz Bongarts/Bongarts/Getty Images (28); Maja Hitij/Getty Images (189, 191); Malcolm Griffiths/LAT Images (75); MAN AG (110, 190); Marc Francotte/TempSport/Corbis via Getty Images (156); Marcel Engelbrecht - firo sportphoto/Getty Images (184); Marcus Brandt/Bongarts/Getty Images (55); Mark Thompson/Getty Images (179); MARTIN BERNETTI/AFP via Getty Images (124); Martin Rose/Bongarts/Getty Images (7, 104); Mateusz Slodkowski/Getty Images (65); Mattia Ozbot - Inter/Inter via Getty Images (16); Mercedes-Benz (14, 152); MICHAEL BUHOLZER/AFP via Getty Images (117); Michael Steele/Getty Images (126); Mirrorpix via Getty Images (42, 45); Nelson Almeida / AFP via Getty Images (108); Nicolò Campo/LightRocket via Getty Images (121); Oliver Hardt/Getty Images (80); Opel AG (111); PASCAL GEORGE/AFP via Getty Images (48); Pascal Parrot/Sygma/Sygma via Getty Images (137); PASCAL PAVANI/AFP via Getty Images (135); PETER MUHLY/AFP via Getty Images (43); PIERRE-PHILIPPE MARCOU / AFP via Getty Images (142); Predrag Vuckovic/Red Bull Content Pool via Getty Images (180); RABIH MOGHRABI/AFP via Getty Images (78); RB Leipzig/Audi (174, 175); Riccardo De Luca/Anadolu Agency via Getty Images (22); Rodolfo Buhrer/Sports Press Photo/Getty Images (27); Roland Krivec/vi/DeFodi Images via Getty Images (188); Rolls-Royce (11); Ronny HARTMANN / AFP via Getty Images (180); Ryan Pierse/Getty Images (12); S. Mellar/FC Bayern via Getty Images (63); Sammlung CG (62, 89, 126); Sebastian Widmann/Getty Images (187); Severin Aichbauer/SEPA.Media /Getty Images (183); Shaun Botterill/Allsport/Getty Images (94); Simon Bruty/Anychance/Getty Images (57); Srdjan Stevanovic - UEFA/UEFA via Getty Images (13, 65); Stellantis (26, 142); Stuart Franklin/Getty Images (61); TF-Images/Getty Images (129, 172); VI Images via Getty Images (31, 160); VW AG (68); WATFORD/Mirrorpix/Mirrorpix via Getty Images (41); Witters (166, 167, 169); Yasser Bakhsh/Getty Images (112, 115).

MARKO ARNAUTOVIĆ & SAMUEL ETO'O

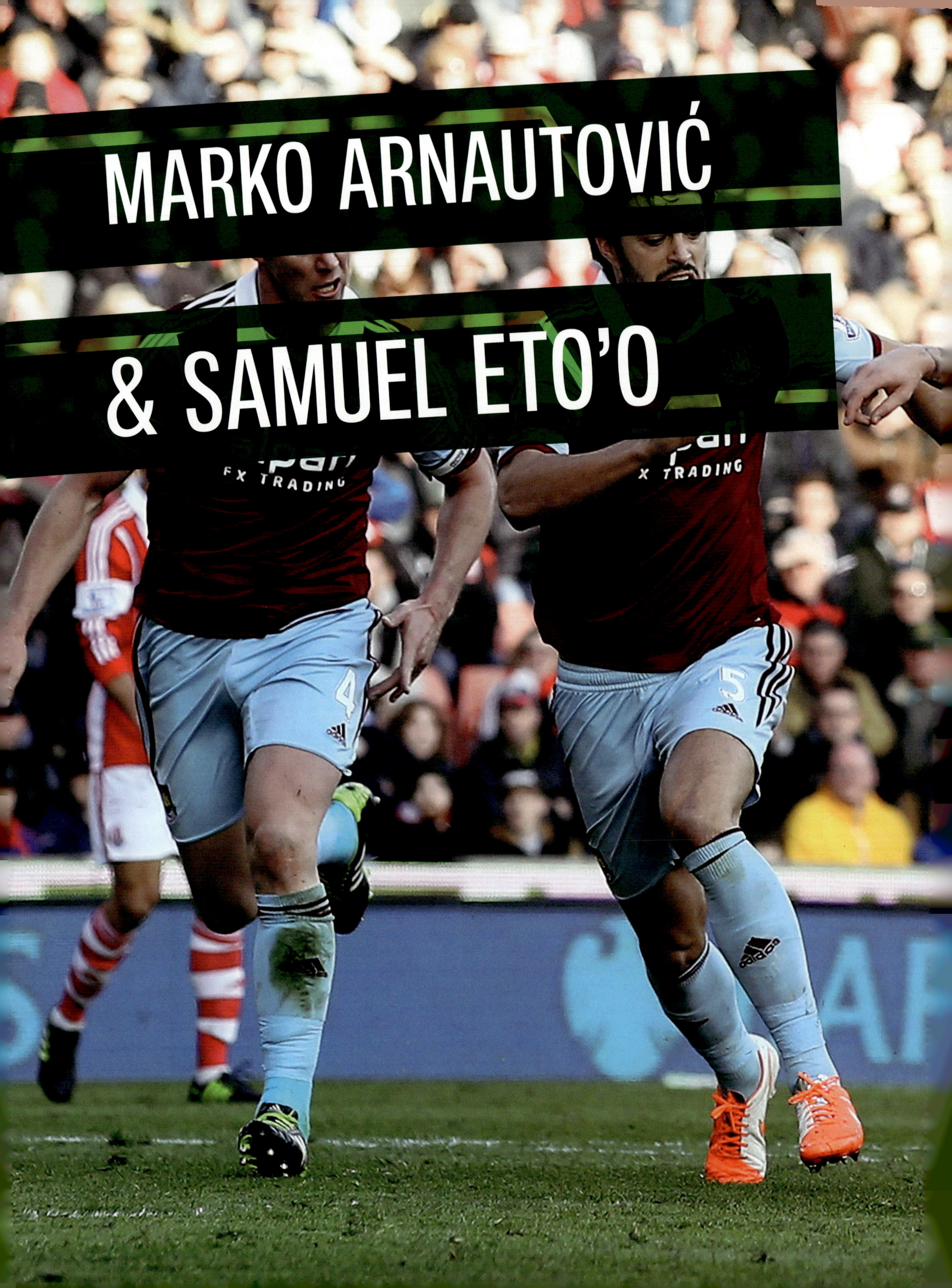

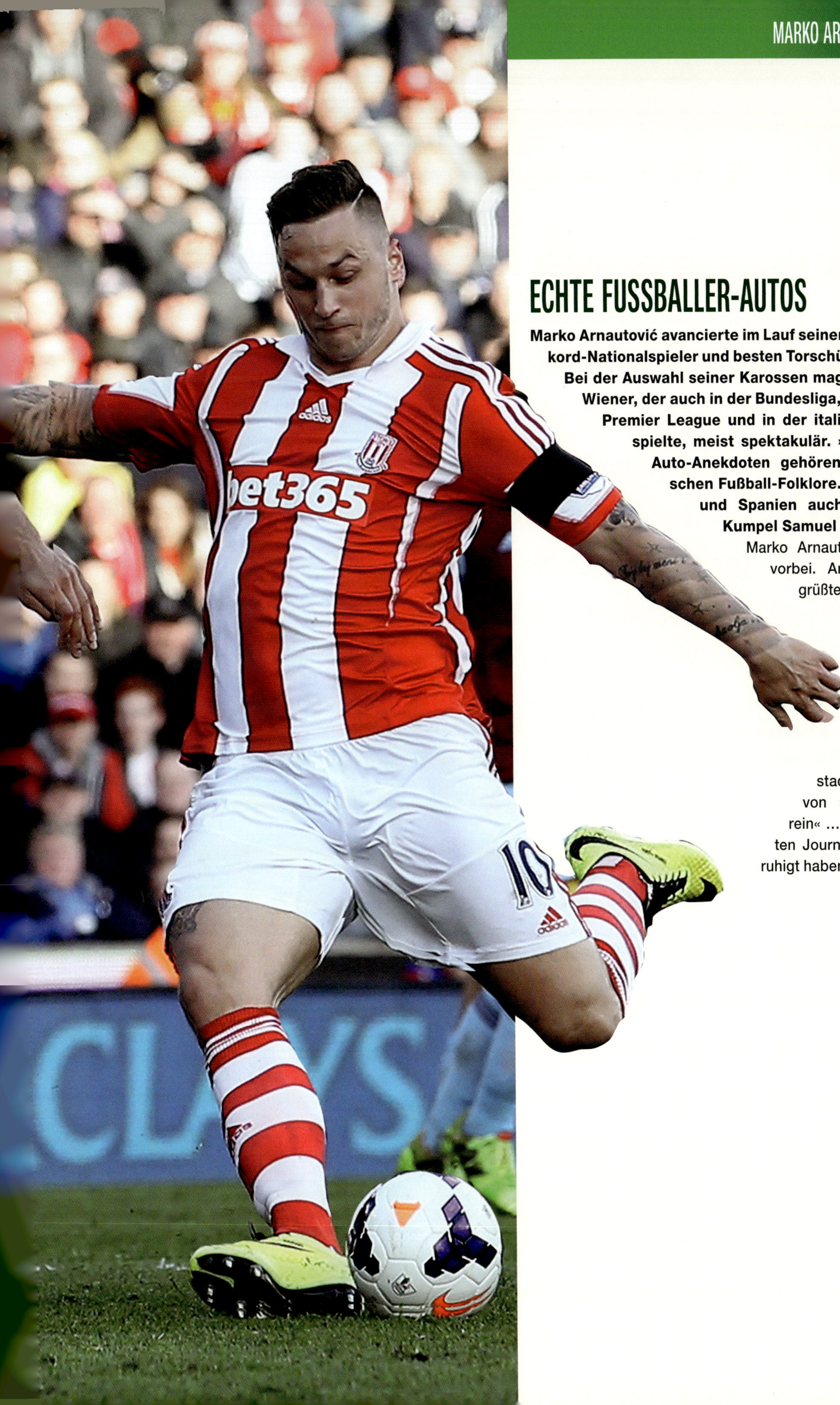

ECHTE FUSSBALLER-AUTOS

Marko Arnautović avancierte im Lauf seiner Karriere zum Rekord-Nationalspieler und besten Torschützen Österreichs. Bei der Auswahl seiner Karossen mag es der gebürtige Wiener, der auch in der Bundesliga, in der englischen Premier League und in der italienischen Serie A spielte, meist spektakulär. »Arnie« und seine Auto-Anekdoten gehören zur österreichischen Fußball-Folklore. Das gilt in Italien und Spanien auch für Arnautović-Kumpel Samuel Eto'o.

Marko Arnautović schaute kurz vorbei. Am 30. März 2026 grüßte der österreichische Rekord-Nationalspieler und -Torschütze jovial in den Presseraum am ÖFB-Campus in der Wiener Seestadt. Das hatte etwas von »Der Chef schaut rein« ... Was die geschätzten Journalistenkollegen beruhigt haben dürfte: Dieses Mal

Die Neuzugänge des SV Werder Bremen 2010: Felix Kroos (l.) und Marko Arnautovic (r.) mit Trainer Thomas Schaaf.

Marko Arnautović im Trikot von Inter Mailand beim Serie-A-Duell gegen Atalanta am 30. August 2024 im Stadio Giuseppe Meazza.

war er mit dem Mannschaftsbus der ÖFB-Auswahl angereist. Das war nicht immer so. Als Stürmer des italienischen Meisters Inter Mailand fuhr der inzwischen für den serbischen Rekordmeister Roter Stern Belgrad stürmende Österreicher am 30. Mai 2024 in einem schwarzen Mercedes-Van mit getönten Scheiben zum Teamhotel in Windischgarsten vor.

Warum erwähnen wir das? Die Arnautović-Anreise, damals ins oberösterreichische Traunviertel zum Vorbereitungsspiel zur EURO 2024 gegen Serbien (2:1) in Wien, ist immer wieder überraschend und fast immer eine Schlagzeile wert.

DER TAG, AN DEM MARKO ARNAUTOVIĆ EINMAL »IM ROLLS ZUM LÄNDERMATCH« KAM

Um zum Länderspiel zu kommen, nahm der Stürmerstar auch mal den Rolls-Royce. Anfang Juni 2021 verblüffte Arnautović Fans und Mitspieler, indem er zum Freundschafts-Länderspiel gegen die Slowakei (0:0) den goldfarbenen Rolls-Royce mit nach Wien brachte. Er parkte ihn – verständlich – direkt neben dem ÖFB-Teambus, mit dem seine Mitspieler und der deutsche ÖFB-Nationaltrainer Franco Foda ins Ernst-Happel-Stadion gekommen waren.

Man müsse verstehen, so seine Erklärung, dass er nach dem Spiel schnell wieder zu seiner Familie wolle – und dafür natürlich das Auto benötige. Das brachte nicht nur Applaus ein. »Arnautović im Rolls zum Ländermatch – Ist so viel Protz nicht peinlich?«, fragte das Portal exxpress.at sicher nicht ganz zu Unrecht …

Günstig war der Luxuswagen in der Unterhaltung nicht – nach einer »Spritztour« im Juni 2020 durch Wien musste Arnautović beim Boxenstopp für einen Ölwechsel rund 1.000 Euro bezahlen – ohne Bremsencheck, versteht sich.

WIENER AUTO-SCHMÄH IN REINKULTUR

632 PS machten das von dem renommierten Unternehmen Mansory in Brand in der Oberpfalz getunte, kolportiert 400.000 Euro teure Auto, das Arnautović in England gekauft hatte, zum Dauer-Thema auf dem Wiener Boulevard.

Ein anderer Wiener Auto-Schmäh des Marko Arnautović, 2006 vom Floridsdorfer AC erstmals ins Ausland, zu Twente Enschede, ge-

betsson
.sport
8

»Ich protz nicht und ich brauch auch keinen roten Teppich«, sagt Marko Arnautovic über sich selbst. Sein Fuhrpark spricht dagegen eine andere Sprache, der BMW X6M mutet da schon beinahe bescheiden an …

wechselt, ist dieser: ein roter Ferrari F12 »Berlinetta«.
»Der ist nicht für jeden Tag«, schrieb Arnautović in seinen Social-Media-Kanälen über ein Foto des Wagens, der vollständig aus Aluminium bestand und der auf der hauseigenen Teststrecke der Scuderia in Fiorano mit 1:23 Minuten um zwei Sekunden schneller war als der Ferrari »Enzo«.
Sicher nicht für jeden Tag, sondern, wie die Wiener Zeitung Die Presse glaubte, »für die wenigen Sonnentage in England«.
Arnautović spielte von 2013 bis 2019 für die englischen Traditionsteams Stoke City und West Ham United und machte 184 Premier-League-Spiele (43 Tore).
England – ein Paradies für den Auto-Profi. Hier fand er in Huddersfield eine Lackiererei, die die Felgen seines Mercedes CLS 63 AMG in glänzendem Schwarz färbte und die Fenster dunkel tönte. Der Viertürer, 2010 auf dem Mondial de l'Automobile in Paris erstmals präsentiert, kam auf einen Basispreis von fast 60.000 Euro. Am 6. Oktober 2012 wurde der CLS um einen fünftürigen sogenannten Shooting Brake, der als Kombi-Coupé verstanden wird, ergänzt.

ETO'O LIEH DEN BENTLEY HER – DANACH HATTE ER IHN NICHT MEHR …

Ortswechsel. Mailand, März 2010. Marko Arnautović erstattete in der italienischen Mode-Metropole Anzeige wegen Autodiebstahls. Wenige Wochen vor dem Champions-League-Finale gegen den FC Bayern München in Madrid (2:0), das Inter den ersten Triumph in diesem, 1992 novellierten Wettbewerb bringen und Arnautović zu einem der wenigen österreichischen Profis machen sollte, die den »Henkelpott« gewannen, fahndete der Inter-Profi höchst selbst nach einem abhandengekommenen Bentley. Das Problem daran: Der Wagen, dessen Wert die italienische Zeitung Corriere della Sera auf »einige Hunderttausend Euro« schätzte, gehörte gar nicht ihm.
Eigentümer war sein kamerunischer Mitspieler Samuel Eto'o. Er hatte Arnautović das Auto für einen Abend geliehen …
Danach verlor sich die Spur. Der ORF konnte im Juli 2010 über

Samuel Eto'o, der 23 Jahre als Profi aktiv war, bei einem FIFA-Freundschaftsspiel am 27. Mai 2025 in Mogadischu.

Der Aston Martin One-77, ein teures Prestigeobjekt des Samuel Eto'o.

Der legendäre golden folierte Rolls-Royce Cullinan des Marko Arnautovic in einer idealisierten Darstellung.

Marko Arnautović im Zweikampf mit Marcel Halstenberg beim Liga-Total-Cup-Finale zwischen Werder Bremen und Borussia Dortmund am 5. August 2012 in Hamburg.

Marko Arnautovic im Freundschaftsspiel gegen die Türkei 2008 – seit diesem Jahr spielt der Stürmer bis heute mehr als 130-mal für Österreich.

dessen weiteres Schicksal berichten. Vier Monate nach dem Diebstahl des Bentleys von Fußballstar Samuel Eto'o in Mailand tauchte das Auto wieder auf – und zwar an der ungarisch-serbischen Grenze. Der Wagen fiel den Grenzbeamten bei der Passkontrolle auf, wie Szabolcs Szenti von der Polizei in Csongrád im Osten Ungarns mitteilte.

»Die Beamten haben gemerkt, dass die aufgeklebten Plaketten auf den Nummernschildern gefälscht waren, und bei der Überprüfung des Nummernschildes stellten sie fest, dass die italienische Polizei das Fahrzeug suchte«, sagte der Polizeisprecher. Im Auto saßen demnach zwei Ukrainer. Der Fahrer der Luxuskarosse, der bereits mehrmals durch derartige Fahrzeugüberführungen aufgefallen war, wurde festgenommen. Er behauptete, er habe nicht gewusst, dass das Auto gestohlen war. Nach seinen Angaben war das Auto für eine Polin bestimmt, die es in Griechenland fahren wollte.

Das kann man glauben, muss man aber nicht. Oder anders: Gibt's überhaupt noch einen, der's glaubt?

EIN TRANSPORTER VOLLER FUSSBALLER-AUTOS

Vermutlich wäre der Verlust des Bentleys für Samuel Eto'o zu verkraften gewesen. Der ehemalige Weltklassestürmer aus Kamerun, der 1996 über das Ausbildungsteam Real Madrid Castilla nach Europa kam, aber nie für die »Königlichen«, sondern für deren La-Liga-Erzrivalen FC Barcelona spielte (108 Tore in 144 Liga-Spielen / dreimal spanischer Meister und zweimal Champions-League-Sieger, 2006 und 2009), besitzt nach eigenen Angaben 24 Luxusautos. Sie haben einen ungefähren Wert von 85 Millionen US-Dollar.

Eine überlieferte Episode besagt, dass Eto'o einmal seine Autos auf einen Lastwagen laden ließ, der sie dann zum Trainingsgelände brachte, damit seine Mitspieler sie dort bestaunen konnten …

Das konnte sich Eto'o durchaus erlauben. Als er 2011 zum russischen Überflieger Anschi Machatschkala wechselte, soll ihm der Verein ein Nettogehalt von 60 Millionen Euro für drei Spielzeiten geboten haben.
De facto spielte Samuel Eto'o aber nur zwei Jahre für den Hauptstadtklub aus Dagestan, sein Transfer war aus der Serie »Was mache ich hier eigentlich?«.
Danach lief er noch für sechs weitere Vereine auf, unter anderem für den FC Chelsea und den FC Everton aus der englischen Premier League.
Zu den Auto-Perlen des afrikanischen Fußballkönigs gehören u. a. ein Aston Martin One-77 und ein Bugatti Veyron 16.4. Letzterer fällt in die Rubrik »Echte Fußballer-Autos«, denn auch Portugals Europameister Cristiano Ronaldo fährt ihn.
Der Aston Martin One-77 wurde – wie es die Bezeichnung schon verrät – in einer Stückzahl von nur 77 Exemplaren in Gaydon, Warwickshire (England), gefertigt. Mit der V12-Maschine mit 760 PS bauten die Engländer 2012 ihren bis dahin stärksten, serienmäßig eingesetzten Pkw-Saugmotor ein. Dieser sorgte für eine Beschleunigung von null auf 100 km/h in 3,5 Sekunden – und für eine Spitzengeschwindigkeit von 355 km/h.
Der Neupreis lag bei umgerechnet 1,43 Millionen Euro. Im Jahr 2012 wurde Eto'o mit dem »schnellsten Wagen, den Aston Martin je baute« (Blog supercarblondie.com) in Paris gesehen – mit einem Schaden an der Elektrik des Wagens.
Samuel Eto'o fuhr den Aston Martin One-77 ebenso wie auch Sir David Beckham oder Karim Benzema von Real Madrid.

»24 AUTOS« – »GLAUB ICH NICHT!«

Zweites Gefährt aus dem Hause Aston Martin in der Garage von Samuel Eto'o ist der V12 Zagato, für den er kolportiert eine Million US-Dollar bezahlt haben soll. Dieser Wagen war auf 101 Exemplare limitiert und wurde vom gleichnamigen italienischen Designer entworfen. Zagato und Aston Martin unterhielten bereits seit den 1950er-Jahren Geschäftsbeziehungen. Besonderes Kennzeichen: Im Dach sind zwei für Zagato typische Wölbungen – die sogenannte »Double Bubble« – ausgeformt, um die Kopffreiheit der Passagiere zu erhöhen.
Marko Arnautović und Samuel Eto'o – sie sind beide Rekord-Torschützen ihres Landes und spielten in der Triple-Saison 2009/10 mit dem Gewinn der italienischen Meisterschaft (Scudetto), des italienischen Pokals (Coppa Italia) und der Champions League ge-

Seit 2025 spielt Marko Arnautovic für den serbischen Giganten Roter Stern Belgrad und holte auf Anhieb die Meisterschaft.

Die österreichische Nationalmannschaft um Marko Arnautović, David Alaba und Marcel Sabitzer vor dem WM-Qualifikationsspiel gegen Wales am 2. September 2017 in Cardiff.

Während seiner Zeit in England fuhr Marko Arnautović einen Mercedes CLS 63 AMG. Er gönnte dem Wagen schwarze Felgen, wie in dieser idealisierten Darstellung.

meinsam bei Inter Mailand.
Wenn der Afrikaner Eto'o im Small Talk dem Österreicher von seinen 24 Autos berichtete, kam von »Arnie« ein knappes »Glaub ich nicht!« zurück – und man denkt sich die legendären Worte: Gibt's überhaupt noch einen, der's glaubt?
Durch diese Prahlerei kam es der Legende nach auch zu dem oben geschilderten Diebstahl des Bentleys, nachdem Eto'o Arnautović eingeladen hatte: »Komm, Marko, nimm dir eines der Autos.« Vor einem italienischen Nobel-Lokal in Mailand – andere Quellen sprechen auch vom Sheraton-Hotel – gab Arnautović den Autoschlüssel an einen elegant gekleideten Mann, den er für einen Mitarbeiter des Restaurants respektive des Hotels hielt. Der falsche Parkservice-Mitarbeiter war kurz darauf mitsamt dem Wagen verschwunden.
Es blieb »eine Geschichte für die Ewigkeit«, wie das Portal weekend.at 2025 schrieb.
Wie auch diese hier: In einem Porsche Cayenne geriet Arnautović 2012 – also ungefähr zu der Zeit, als sein »Haberer« (Kumpel) Eto'o den Aston Martin One-77 kaufte – in Wien in eine Polizeikontrolle.
Der Porsche Cayenne, der ab 2010 den Markt eroberte, war im Gegensatz zu seinem erstmals 2002 erschienenen Vorgängermodell zwischen 40 und 90 Kilogramm leichter und ab einem Einstiegspreis von 60.000 Euro zu haben.
Der Jungstar, damals bei Werder Bremen in der deutschen Bundesliga unter Vertrag, wurde, wie die Wiener Kronen Zeitung berichtete, »wegen eines Verkehrsdelikts sowie wegen aggressiven Verhaltens nach dem Sicherheitspolizeigesetz« angezeigt. Die Aufforderung, die Fahrzeugpapiere vorzuweisen, konterte Porsche-Fahrer Arnautović angeblich so: »Du hast mir gar nichts zu sagen! Ich verdiene so viel, ich kann dein Leben kaufen!«

Für Inter Mailand spielte Marko Arnautovic (l.) zweimal - 2009/2010 auf Leihbasis und 2023 bis 2025.

Arnautovic und Eto'o holten 2010 mit Inter Mailand das historische »Triple«.

»Fußballer Europas« 1995: Eine Ehrung, die für Roberto Baggio ungewöhnliche Folgen haben sollte...

ROBERTO BAGGIO

LEGENDE IM LANCIA

Roberto Baggio, das italienische Fußball-Idol. Kaum ein anderer Spieler aus dem Autoland Italien hat eine höhere Popularität als »Il Divin Codino«, der göttliche Zopf. Und: Nur für Baggio ließ Tycoon Agnelli eigens ein Auto bauen.

Diese Szenen sollten im Sommer 2026 wieder aus dem Archiv geholt werden, als das WM-Finale in die USA zurückkehrte.

Rückblende: Pasadena, Rose Bowl Stadium, 17. Juli 1994, WM-Finale zwischen Brasilien und Italien. In der Gluthitze Kaliforniens liefern sich die »Seleção« und die »Squadra Azzurra« über 120 Minuten eine torlose und kaum ansehnliche Partie. Für viele Beobachter ist es eines der schwächsten Finals der WM-Geschichte. Auch für den Autor, der Roberto Baggio vor der WM 2002 für »Die Welt« interviewte und von seiner ruhigen und sachlichen Art beeindruckt war. An diesem heißen Juli-Sonntag in Pasadena ging es fast folgerichtig ins Elfmeterschießen. Brasiliens Torhüter Claudio Taffarel hatte bereits einen Elfmeter von Daniele Massaro gehalten. Italiens Idol Franco Baresi schoss den Ball über das Tor. Nun führte Brasilien mit 3:2, nachdem Kapitän Carlos Dunga verwandelt hatte. Roberto Baggio, der Italien mit genialen Momenten und fünf Toren – teilweise in der allerletzten Spielphase – erst in dieses Finale gebracht hatte, musste den fünften und letzten Elfmeter für

Ein italienischer Fußballstar ohne Ferrari? Praktisch undenkbar. 1992 testete Baggio in Fiorano den damals neuen Ferrari 512 TR – es wurde ein typischer Auftritt: Der Fußballstar hielt Smalltalk und fachsimpelte.

Roberto Baggio spielte zwischen 1988 und 2004 insgesamt 57-mal für Italiens Nationalmannschaft.

Die italienischen Nationalspieler Dino (l.) und Roberto Baggio kehrten als Vize-Weltmeister von der Endrunde 1994 zurück...

sein Team zwingend verwandeln. Er verschoss und blieb sekundenlang fassungslos stehen. Später machten ihn die sozialen Medien zu »The Man Who Died Standing«, zu dem Mann, der im Stehen starb. Was die WM-Ambitionen anging, stimmt diese Bezeichnung: Roberto Baggio stand danach nie wieder in einem WM-Finale, und bei der folgenden Weltmeisterschaft 1998 in Frankreich scheiterte er mit den »Azzurri« erneut im Elfmeterschießen, diesmal im Viertelfinale am Gastgeber mit Torhüter-Idol Fabien Barthez (vgl. Kapitel: Fabien Barthez – Benzin im Blut). 1990 war der damals 23-jährige Hoffnungsträger Italiens bei der Heim-WM angeschlagen ins Turnier gegangen.

Neun Tore gelangen Baggio insgesamt in 16 WM-Spielen. Aber seine Torgefährlichkeit, seine eleganten Spielzüge und die sechs Treffer seines Turiner Teamkollegen Salvatore »Totò« Schillaci († 2024 / »Sie lachten über mich, weil sie mich fürchteten.«) reichten nicht aus, um die Gastgeber 1990 ins Finale zu bringen – 3:4 (1:1 n. V.) im Halbfinale gegen Argentinien und Diego Armando Maradona († 2020) in Neapel.

ROBERTO BAGGIO: GENIALE AUFTRITTE GEGEN DEN BVB

Mit Juventus Turin gewann Roberto Baggio 1993 gegen den BVB den UEFA-Cup. Der Revierklub, nach fast 30 Jahren mal wieder in einem Europapokalfinale, wurde auch dank zweier Tore von Roberto Baggio in den Finalspielen deutlich mit 3:1 und 3:0 geschlagen (siehe Kasten).

Auf dem Weg zu seinem einzigen Europapokal-Titel gelangen ihm sechs Treffer in neun Spielen. 1995 scheiterte Baggio mit Juventus nach dem Halbfinal-Erfolg gegen Borussia Dortmund im rein italienischen Finale am AC Parma.

Danach orientierte sich Roberto Baggio in Italien neu. Er wechselte aus der Autostadt Turin in die Modemetropole Mailand.

Beim AC Milan, der rund 10,3 Millionen Euro für seine Dienste zahlte, blieb er jedoch auch verletzungsbedingt mit nur 19 Toren in 67 Pflichtspielen hinter den Erwartungen zurück und wechselte 1997 und 1998 erneut, zunächst zum FC Bologna, dann zu Inter Mailand.

vietato
calpestare
le aiuole

Die italienische Fluggesellschaft ITA Airways ehrte Baggio auf besondere Art: Im Mai 2022 taufte sie einen neuen Airbus A350-900 (EI-IFC) auf den Namen des Vize-Weltmeisters von 1994. Stilecht eröffnete der Flieger eine neue Verbindung von Rom nach Buenos-Aires – Baggio war beim Jungfernflug selbst an Bord.

Mit einem Traumtor nach einem Power-Dribbling gegen Real Madrid (3:1) in der Champions-League-Gruppenphase im November 1998 hatte er noch einmal weltweit die Schlagzeilen auf seiner Seite. Obwohl es zu diesem Zeitpunkt längst andere, jüngere und hungrigere Fußballkünstler gab wie den unberechenbaren Franzosen Zinedine Zidane von Juventus Turin, Baggios Mailänder Mitspieler Ronaldo oder den englischen Filigrantechniker David Beckham von Manchester United. Auch sie sind natürlich passionierte Autosammler.

FIAT-TYCOON UND BAGGIO – WIE VATER UND SOHN

Das zeigte: Fünf Jahre können im Fußball eine Ewigkeit sein. Roberto Baggio war 1993 auf dem Höhepunkt seiner Karriere. Der begnadete Offensivspieler wurde zum FIFA-Weltfußballer des Jahres und zu »Europas Fußballer des Jahres« (Ballon d'Or) gekürt. Er

Roberto Baggio während seiner Zeit bei ACF Fiorentina im Jahr 1988.

setzte sich bei der Wahl der französischen Fachzeitschrift *France Football* gegen den Niederländer Dennis Bergkamp von Inter Mailand und den exzentrischen Franzosen Eric Cantona von Manchester United durch. Bei der Weltfußballer-Wahl der FIFA stand er am Ende vor dem Brasilianer Romário von der PSV Eindhoven und vor Bergkamp.
Zu Juventus-Patron Giovanni »L'Avvocato« (dt.: der Anwalt) Agnelli hatte Roberto Baggio eine nahezu vaterähnliche Beziehung.
»Roberto Baggio ist der größte Spieler, den ich je gekannt habe«, sagte der 2003 im Alter von 81 Jahren verstorbene FIAT-Gesellschafter, der ab 1947 in verschiedenen Ämtern die Geschicke von Juventus Turin lenkte, einmal über den Fußballstar, den er auch mit dem italienischen Maler und Renaissance-Baumeister Raffael verglich.
»Der Anwalt war zweifelsohne der beste Patron, den ich in meiner Karriere hatte«, wurde Baggio später über »Gianni« Agnelli zitiert. Das verwundert kaum, denn Agnelli zahlte 1990 für Baggio die damalige Weltrekord-Transfersumme von umgerechnet 12,9 Millionen Euro an den AC Florenz.

DAS LEGENDÄRE BAGGIO-AUTO

Zu Baggios Wahl zum Weltfußballer des Jahres und zu seiner Auszeichnung mit dem Ballon d'Or hatte »L'Avvocato« eine besondere Idee. Der seit 1966 als FIAT-Präsident wirkende Agnelli, der für seine umgängliche Art und sein geschicktes, aber stets faires Spiel mit Journalisten bekannt war, erwies Baggio eine Ehre, wie sie wohl nur wenigen Fußballprofis zuteilwurde: Agnelli ließ für Baggio ein Auto bauen. Die Familie Agnelli gab für ihn ein Sondermodell des erfolgreichen Rallye-Autos Lancia Delta HF Integrale Evo II in Auftrag – und schenkte es dem italienischen Fußballkönig, dessen Markenzeichen ein geflochtener Nackenzopf (»Il Divin Codino« / dt.: der göttliche Zopf) war.
Als Farbe wählte man »Giallo Ginestra«, Ginstergelb, aus einer limitierten Sonderserie des Evo II, da sie an die Farbe der Ballon-d'Or-Trophäe erinnerte. Das mag dekadent klingen, doch es würdigte den Fußballer Roberto Baggio – auch wenn es natürlich nicht mit dem möglichen Gewinn des FIFA World Cup 1994 vergleichbar war.

PRESSESTIMMEN – BVB VS. JUVENTUS TURIN UND ROBERTO BAGGIO, 1993 UND 1995

»RÄTSEL ROBERTO BAGGIO FÜR BVB NICHT ZU LÖSEN – GERADE DIE GRÜNEN JUNGS IN DER BORUSSEN-ABWEHR FANDEN EINFACH KEIN MITTEL GEGEN MÖLLER, BAGGIO UND VIALLI« REVIERSPORT, MAI 1993, ZUM FINAL-HINSPIEL BVB GEGEN JUVENTUS TURIN (1:3)

»BAGGIO – DEN NAMEN KANN JETZT KEINER MEHR HÖREN. SCHON FRÜH DURCHKREUZTEN DINO BAGGIO – NICHT VERWANDT MIT DEM ZWEIFACHEN TORSCHÜTZEN ROBERTO BAGGIO – DIE TAKTISCHEN PLÄNE DER BORUSSIA.« REVIERSPORT, MAI 1993, FINAL-RÜCKSPIEL JUVENTUS TURIN GEGEN DEN BVB (3.0).

»ES WAR EIN GROSSER KAMPF VON JUVENTUS IN DORTMUND. UND LASER-BAGGIO BLENDEND! ROBERTO BAGGIOS MEISTERSCHUSS BRACHTE DAS DRITTE, GANZ ITALIENISCHE FINALE« CORRIERE DELLO SPORT, 20. APRIL 1995, NACH BVB GEGEN JUVENTUS (1:2) IM UEFA-CUP-HALBFINALE.

»DORTMUND WURDE DURCH EINEN FREISTOSS GESCHLAGEN, EINEM MEISTERWERK DES GENIES BAGGIO« CORRIERE DELLA SERA, 20. APRIL 1995.

»BAGGIO BESIEGT BRAVOURÖSE BORUSSIA« KICKER-SPORTMAGAZIN, 20. APRIL 1995.

Nach dem verlorenen WM-Finale 1994 in Pasadena erhält Baggio Trost von Italiens Nationaltrainer Arrigo Sacchi.

Während eines Juve-Spiels 1992 schnappt sich Roberto Baggio die Kamera eines Fotografen.

Roberto Baggio, der sanfte Weltstar. Hier streichelt er ein Rehkitz während der WM 1994 in den USA.

Der Lancia Delta – ein italienischer Klassiker, der 1979 erstmals in Serie ging. Die von 1993 bis 1996 gebauten HF-Versionen hatten innerhalb dieser Baureihe eine absolute Sonderstellung – wie Baggio im italienischen Fußball.
Die HF-Motoren waren mit einem sogenannten Overboost ausgerüstet, der unter Volllast kurzzeitig den Ladedruck des Turboladers erhöht, sodass das Drehmoment um etwa zehn Prozent gesteigert wurde. In frühen Versionen lag die Motorleistung bei rund 186 PS, später bei etwa 193 PS. In sieben Jahren entstanden insgesamt rund 5.600 Delta HF Integrale Evo II. Ungeachtet der hohen Motorleistung kam diese Version – anders als das Vorgängermodell – nicht mehr im Motorsport zum Einsatz.

Roberto Baggio (AC Florenz) und der nicht minder von Legenden umgebene Diego Armando Maradona vom SSC Neapel (r.), die Aufnahme entstand am 10. Mai 1987 in Neapel.

VOM EINZELSTÜCK ZUM LIEBHABERMODELL

Der Lancia für Baggio wurde in einer speziellen und einzigartigen Ausstattung gefertigt, behielt jedoch weitgehend die technischen Spezifikationen des Serienmodells – mit rund 211 PS und Allradantrieb. Der Wagen erhielt jedoch ein exklusives zweifarbiges Karosseriedesign sowie einen individuell gestalteten Innenraum. Genau diese Details unterschieden das Einzelstück von den übrigen produzierten Exemplaren. Das Auto wurde im Herbst 2023 vollständig restauriert, dank der Arbeit von Ivan und Stefano Parussini von ItaliaMotorsport in Codroipo, auf Lancia spezialisierten Restauratoren.

Baggio selbst hatte sich bereits im Jahr 2000 von dem ginstergelben Lancia getrennt und ihn verkauft. Eine Zeit lang verlor sich seine Spur, bis der Wagen 2009 von Giorgio Allegrini aus Lucca erworben wurde. Im selben Jahr gründeten Allegrini und ein Partner den gemeinnützigen Verein »Stella di Cuori«, eine Organisation zur sozialen Förderung in Lucca (Toskana). Sie wollten den Lancia für einen guten Zweck versteigern – natürlich mit Wissen des prominenten Vorbesitzers.

Das Fahrzeug wurde 2024 auf der Online-Auktionsplattform Catawiki mit einem geschätzten Wert von rund 300.000 Euro angeboten. Schon nach wenigen Stunden überstiegen die Gebote

Der sagenumwobene »goldfarbene« Lancia Delta HF Integrale Evo II des Roberto B. Die Farbe »Giallo Ginestra« (Ginstergelb) sollte an die Farbe des Ballon-d'Or erinnern, mit dem Baggio 1993 geehrt wurde.

die Marke von 155.000 Euro. Verkauft wurde der Lancia schließlich für 230.000 Euro.

BAGGIO UND FERRARI – EINE TYPISCH ITALIENISCHE STORY

Roberto Baggio spielte für sieben italienische Vereine, zuletzt von 2000 bis zu seinem Karriereende 2004 bei Brescia Calcio, wo er in 95 Ligaspielen noch einmal 45 Tore erzielte. Seine größten nationalen Erfolge waren die Meistertitel (Scudetti) 1995 mit Juventus und 1996 mit dem AC Mailand.

2011 wurde Roberto Baggio in die »Hall of Fame« des italienischen Fußballs aufgenommen. Er gehört – neben Alessandro Del Piero – zu den Spielern, die die Hochphase der italienischen Serie A in den 1990er-Jahren und deren Dominanz in Europa prägten.

Doch Baggio steht auch für die italienische Lebensart. In den 1980er-Jahren brauste er mit seiner Freundin auf einer Vespa durch die Straßen seiner Heimatstadt Caldogno in der Provinz Vicenza. Er lebt seit Jahren auf einem Landgut und war auch mit einem anderen Autobauer des Landes eng verbunden: Ferrari.

Schon 1992 lud ihn die Scuderia nach Fiorano ein, wo er auf der Teststrecke, der 1972 eröffneten Pista di Fiorano, den neuen Ferrari 512 TR fuhr.

Ein Auftritt, der typisch für Baggio war: Er grüßte Mechaniker und Ingenieure freundlich, hielt Small Talk und gab Autogramme. Dann erst setzte er sich in den von Pininfarina entworfenen Sportwagen mit Mittelmotor, der rund 428 PS leistete und 1992 erstmals auf der Los Angeles Motor Show präsentiert worden war.

Mit dem Formel-1-Rekordweltmeister Michael Schumacher sah man ihn unter anderem am 25. Mai 2000 in Rom beim von ihm organisierten Wohltätigkeitsspiel »Match for Peace«. Im Stadio Olimpico wirkten dabei unter anderem Schumacher, Giancarlo Fisichella, Angelo Peruzzi und der italienische Sänger Eros Ramazzotti mit. »Roberto Baggio und Ferrari, das ist eine unvergessene Verbindung«, schrieb ein Portal dazu.

Als der Streamingdienst Netflix 2021 eine Filmbiografie über den italienischen Fußballstar veröffentlichte, ehrte Ferrari Baggio mit einem Foto, das ihn in einem F40 zeigte.

Bei dieser Aufnahme stand die Fahrertür dieses zum 40-jährigen Firmenjubiläum von Enzo »Il Commendatore« Ferrari initiierten, 460 PS starken Sportwagens offen, damit Fotografen den Fußball spielenden Piloten ablichten konnten. Typisch Baggio.

Auf dem Weg nach Rom: Roberto Baggio präsentiert am 13. Mai 2025 die Coppa Italia – einen Tag vor dem Finale zwischen Milan und Bologna im Olympiastadion.

FIFA-Boss Gianni Infantino und Roberto Baggio 2025 im WM-Final-Stadion 2026 in East Rutherford, New Jersey, USA.

Auto-Fan und Fußball-Idol Roberto Baggio ist bis heute im Fokus der Fotografen.

Aral

GUTE (AUTO)-FREUNDE KANN NIEMAND TRENNEN

Franz Beckenbauer – kein anderer Spieler hat dem deutschen Fußball mehr Weltgeltung verschafft als der am 7. Januar 2024 im Alter von 78 Jahren in Salzburg verstorbene »Kaiser«. Weltmeister als Spieler und als Teamchef respektive als Nationaltrainer, das gelang außer ihm nur dem Brasilianer Mario Zagallo und Frankreichs »Petit Général«, Didier Deschamps. Es gibt viele Beckenbauer-Zitate, die Eingang in die deutsche Alltagssprache fanden (»Geht's raus, spuilt's Fußball« / »Ja, ist denn heut scho Weihnachten?«). Aber gibt es auch das Beckenbauer-Auto?

Einer der ersten Sponsoren des aufstrebenden Jungprofis, der von 1964 bis zu seinem Abschied 1977 zu Cosmos New York insgesamt 396 Bundesliga-Spiele für den FC Bayern München machte, war 1963 der Starnberger Fleischfabrikant Rudolf Houdek († 2008), der Beckenbauers erste Wohnung und sein erstes Auto, einen gebrauchten Mercedes-Benz, für umgerechnet 2.500 Euro finanzierte (Quelle: Hamburger Abendblatt Collector's Edition: Franz Beckenbauer 1945 – 2024).

FRANZ BECKENBAUER

Franz Beckenbauer spielte gleich zweimal für das Fußball-Franchise New York Cosmos, hier im Jahr 1977.

Der »Fußball-Kaiser« auf Kettcar: Franz Beckenbauer im Dezember 1974 beim Super-Zehnkampf in der Münchner Olympiahalle.

Beckenbauer, als er noch kein Weltstar war, am 21. Februar 1972 im Gewand des FC Bayern München.

Franz Beckenbauer im EM-Finale 1972 gegen die UdSSR in Brüssel.

Der »Kaiser« und seine Mercedes-Benz W126-S-Klasse mit dem Kennzeichen M - E 9112.

Im EM-Jahr 1972 fuhr Beckenbauer kurzzeitig einen BMW 2800 CS. Ein Foto zeigte ihn mit dem Wagen auf dem Trainingsgelände des FC Bayern München an der Säbener Straße. Die italienische Sportzeitung La Gazzetta dello Sport datierte das BMW-Bild auf das Jahr 1969.

»JOHAN WAR DER BESSERE SPIELER. ABER ICH BIN WELTMEISTER.«
FRANZ BECKENBAUER ÜBER DEN NIEDERLÄNDISCHEN FUSSBALL-KÖNIG JOHAN CRUYFF (1947 – 2016)

Das könnte hinkommen. Die Markteinführung war der Baureihe E9 war 1968. Erst 16 Jahre zuvor waren die Münchner mit dem Modellen 501 und 502 wieder in die Oberklasse eingestiegen. Der E9 folgte auf die ab 1962 gebaute »Neue Klasse« (1500, 1600, 1800, 2000), deren Innovatives Design das BMW-Markengesicht über Jahrzehnte prägen sollte. Beide Reihen gehören zu den kommerziell erfolgreichsten der Münchner.

WIESO EIGENTLICH »DER KAISER«?

Ehe Beckenbauer 1977 in die fürstlich dotierte North American Soccer League (NASL) zu Cosmos New York ging, wo er am Central Park Nachbar von Ex-Beatle John Winston Ono Lennon († 1980 / »Das Leben ist das, was sich ereignet, während wir damit beschäftigt sind, andere Pläne zu machen.«) war, trennte er sich von dem BMW.

Wie er zum Titel »Der Kaiser« kam, darüber gibt es mehrere Versionen.

Eine nennt ein Foto von Franz Beckenbauer, aufgenommen von Herbert Sündhofer bei einem Freundschaftsspiel gegen Austria Wien (1971) vor einer Büste des österreichischen Kaisers Franz Josef I. als Ursprung für den Spitznamen. Diese Begründung gilt als legendär und wurde von Beckenbauer auch gern erzählt. Die WELT AM SONNTAG sieht einen anderen Anfang für den »Kaiser«-Kult. So habe die BILD-Zeitung, der Beckenbauer Zeit seines Lebens als Kolumnist (»Franz schreibt in BILD«, geschrieben von BILD-Legende Raimund Hinko, einem Mentor des Autors) nahe stand, ihn in einem Text von 10. Juni 1969 als »Kaiser der Nation« in Anlehnung an seinen Doppelpasspartner Gerd Müller († 2021), den »Bomber der Nation«, bezeichnet. Der FC Bayern München war 1969 erstmals in der Bundesliga-Ära Deutscher Meister geworden. »Der letzte Kaiser«, so würdigte ihn der Journalist und Medienun-

»ICH HATTE GANZ VERGESSEN, DASS DER JA SCHWER WIE EIN PANZER IST UND KEINE SERVOLENKUNG HAT. ABER AUF DIE LANDPARTIEN FREUE ICH MICH DOCH."
FRANZ BECKENBAUER 2021 ÜBER DEN WIEDERGEFUNDENEN MERCEDES 450 SEL

CCCP
CCCP

M E 9112

Weltmeister 1990: Teamchef Franz Beckenbauer, Pierre Littbarski und Lothar Matthäus mit dem WM-Pokal bei der Rückkehr am Flughafen Frankfurt. Besondere Ehre: Zurück ging es in der »Kanzlermaschine«, einer Boeing 707 der Flugbereitschaft der Bundeswehr.

Einstieg: Die WM 1986 in Mexiko war das erste Turnier mit Franz Beckenbauer als Teamchef.

ternehmer Oliver Wurm in seinem am 16. April 2024 erschienenen Sonderheft Franz, »Weltmeister und Weltbürger: Franz Beckenbauer holte den Fußball in die Mitte der Gesellschaft – und symbolisierte wie kaum ein Anderer den Zeitenlauf der Bundesrepublik.« Franz Beckenbauer war Fußballer, Familienmensch, Funktionär – aber auch begehrter, weil stets authentischer Werbepartner. Er warb unter anderem für die japanische Automobilmarke Mitsubishi. Der prominente Werbe-Star inspirierte die Japaner. Sie brachten 1994 einen 3000 GT als Sonder-Edition »Beckenbauer« heraus. Es handelte sich um eine limitierte Auflage von 30 Exemplaren, gelb lackiert und mit einem Remus-Sportauspuff, OZ Futura-Felgen, einer von Franz selbst signierten Nummernplakette und einem C-Netz-Mobilfunksystem ausgestattet. Ein Sportwagen mit Allradantrieb und V6-Motor.

RÜHRENDE AUTO-GESCHICHTE

»Münchner G´schichten« zu den Autos von Franz Beckenbauer und zu seinem unvergleichlichen Spiel als Fußballprofi gibt es viele. Außerhalb von Auto-Kontexten gehörte diese Episode, festgehalten von Beckenbauer-Freund und SPORT BILD-Autor Raimund »Honki« Hinko in seinem zu Tränen rührenden Nachruf »Der Kaiser und ich« (SPORT BILD, Ausgabe 02/2024) absolut in die Top 5:
»Ich sehe uns nach dem EM-Aus 1984 in einem Weingarten vor dem Schloss Versailles sitzen, als Dich die BILD-Reporter Jörg F. Hüls,

»SCHREIB LIEBER WEITER. DES KANNST‘ BESSER ALS FUSSBALL SPIELEN.«
FRANZ BECKENBAUER ZU SPORT BILD-LEGENDE RAIMUND HINKO.

Alfred Draxler, Max Merkel als Kolumnist und meine Wenigkeit drängten, dass Du als Teamchef die Nationalmannschaft übernehmen sollst. Dass du Dich nach Kräften gewehrt und am Ende doch nachgegeben hast. Alle, die glaubten, dass Du ein »Schaun-mermal«-Kaiser wärst, wurden dann eines Besseren belehrt.«
Die vielleicht schönste in puncto Autos fand im Juli 2021 ein Happy End. Sie ging frei nach Beckenbauers im Dezember 1966 erschie-

Bei einer Sportgala 1971 bewundern Gerd Müller, Wolfgang Overth und Beckenbauer einen Jaguar E-Type.

nenen Single »Gute Freunde kann niemand trennen.« (Beste Platzierung in den deutschen Charts: Rang 31).
Nach 44 Jahren kehrte der 1976 von ihm gekaufte und weiter veräußerte Mercedes 450 SEL 6.9 zu Franz Beckenbauer zurück, der inzwischen in Salzburg lebte.

»GÖNN DIR MAL EINEN RICHTIGEN WAGEN!«

Die Stempel im originalen Fahrzeugbrief waren nach 44 Jahren verblasst, als Thomas Franz vom Autosalon Isartal das Dokument 2020 nicht ohne Stolz zeigte. Der Fahrzeugbrief stammte vom 10. Juni 1976, also kurz vor dem Start von Beckenbauers letzter Saison beim FC Bayern, das Kennzeichen lautete M-E 9112. »Franz Beckenbauer, 8022 Grünwald« war in Schreibmaschinenschrift noch bestens lesbar. Im Münchner Nobel-Vorort, wo auch andere Bayern-Granden wie Karl-Heinz Rummenigge oder Arjen Robben lebten, wohnte er seit 1971.

1976 hatte man dem Mann, der die Position »Libero« praktisch erfunden hatte, und der mit seiner Nonchalance und seiner unschlagbaren Fan-Nähe absoluter Publikumsliebling bei den Münchnern war, am Gardasee einen weißen Mercedes 300 SEL 6.3 gestohlen. Beckenbauer besaß aber noch einen Mercedes 350 SLC, den seine damalige Ehefrau Brigitte († 2021) fuhr.
»Der Kaiser« entschied sich für den von auto motor und sport als »bestes Auto der Welt« gefeierten Mercedes 450 SEL 6.9 mit dem aufgebohrten Big Block des 600. Es war Beckenbauers erstes Luxusauto.
»Der damalige Mercedes-Chef rief mich an und sagte: ‚Gönn dir mal einen richtigen Wagen!'«, erzählte Beckenbauer 2021 der BILD-Zeitung. Das war dann der Mercedes. Ein blauer Traum.«

BECKENBAUER AM AUTO-TELEFON

Die Markt-Einführung des 450 SEL, den die Stuttgarter schon 1973 in Genf präsentiert hatten, verschob sich aufgrund der Öl-Krise im Herbst 1973 bis in den Mai 1975.

Der Beckenbauer-Benz besaß auch ein Auto-Telefon. Damit stieß der Fußballstar endgültig in die Auto-Liga der nicht minder populären Münchner TV-Kommissare »Stephan Derrick« (gespielt von Horst Tappert, vgl. Motor-Legenden: Derrick, Schimanski & Co. – Die Autos der TV-Kommissare) und »Erwin Köster« (»Der Alte«, von 1977 bis 1986 verkörpert von Siegfried Lowitz) vor.
Vor dem Weggang nach New York verkaufte Beckenbauer auch diesen Wagen – um ihn dann 2021 durch einen riesigen Zufall wieder zu erhalten. Einem Freund, dem Salzburger Unternehmer Daniel Bauchinger, wurde das Auto angeboten.
Beckenbauer 2021:
»Er wollte ihn eigentlich kaufen. Er rief mich an, sagte, dass ich ein Vorkaufsrecht haben würde. Ich hatte ganz vergessen, dass der ja schwer wie ein Panzer ist und keine Servolenkung hat, aber ich habe natürlich sofort ja gesagt. Denn so schließt sich ein Kreis des Lebens für mich.«
»Der Kaiser« sagte später fast liebevoll zu seinem zurückgewonnenen Auto: »Jetzt bist endlich wieder daheim.«

Am 28. Januar 2010 posieren DFB-Teammanager Oliver Bierhoff und Beckenbauer vor einem Mercedes E-Klasse Cabriolet der Baureihe 20. Die Weltmeisterschaft in Südafrika war Beckenbauers letzte als TV-Experte (oben). 1971: Beckenbauer vor seinem neuen BMW 2800 CS (rechts).

Der junge Franz Beckenbauer am Steuer eines Mercedes-Benz-Taxis (W110) um 1966.

»ER WAR EIN WELTMANN« – WÜRDIGUNGEN FÜR FRANZ BECKENBAUER

Der Autor hat bei der Trauerfeier im Januar 2024 in München in der Mixed Zone der Allianz Arena Weggefährten, Bundesliga-Stars und Reporter-Legenden zu Franz Beckenbauer befragt.

Owen Hargreaves (Champions-League-Sieger 2001 mit Bayern München): »Franz Beckenbauer hatte sehr großen Einfluss auf meine Karriere als Spieler. Ich kann mich an niemanden erinnern, der ein größeres Vermächtnis für den deutschen Fußball hätte als er. Deshalb bin ich aus England gekommen, denn Franz Beckenbauer war einmalig. Er hatte immer einen besonderen Glanz in den Augen. Ich erinnere mich vor allem an das Champions-League-Spiel in Lyon 2001, als er nach dem Spiel beim Bankett eine Rede hielt und uns sagte, dass wir wirklich schlecht gespielt haben. Er hat den wunden Punkt bei uns getroffen und deshalb war er für uns alle ein Riesen-Vorbild.«

Jimmy Hartwig (Teamkollege von Beckenbauer beim Hamburger SV): »Der Moment, den ich nie vergessen, war, als mich Franz bei einem Spiel mit dem HSV in Duisburg in den Senkel gestellt hat. Er hat mir eine Anweisung gegeben, ich habe das nicht gemacht und dann hat er mir mal gezeigt, wer der Chef im Haus ist. Er hat sich in die Mannschaft eingegliedert, wenn er mal nicht gespielt hat, hat er uns aufgebaut. Weltklasse. Solche Menschen findest du heute in der Bundesliga nicht mehr.«

Uli Köhler (Reporter-Legende, weinte nach Beckenbauers Tod im TV): »Er war ein guter Kicker und ein Weltmann. Diese Leichtigkeit hat sein ganzes Leben ausgemacht. Auch als Trainer hat er diese Leichtigkeit vermittelt, auch wenn er als König des Jähzorns galt. Er hatte hohe Ansprüche Er sagte mir einmal: Der wichtigste Erfolg war,

dass ich 2006 die Weltmeisterschaft nach Deutschland geholt habe. Der Franz konnte nie 100 Prozent zufrieden sein, weil er sich selbst als Inbegriff für technische Fähigkeiten und Fußballkunst gesehen hat. Er war ja manchmal nicht nett zu den Spielern, wie mit Sprüchen wie »Sucht's Euch einen anderen Job« oder »Das war Obergiesing gegen Untergiesing«, aber am Ende hat er alle seine Spieler geliebt. Auch die, die seinen Ansprüchen nicht gerecht wurden. Mein persönlicher Franz-Moment? Schwierig! Ich war auf der Laufbahn im Olympiastadion und der Brasilianer Jorginho wollte eine Ecke ausführen. Da brüllte Franz de Schorschi an: Hau die Ecke hinters Tor, dann kriegen wir wenigstens keinen Konter.«

Felix Magath (wurde unter Beckenbauers Regie 1986 Vize-Weltmeister): Er hätte es verdient, dass das Stadion in München nach ihm benannt wird. Das am meisten beeindruckende für mich war immer, dass, obwohl er als Spieler ja auf einer ganz anderen Höhe war als

Auch in New York blieb Beckenbauer dem W126 treu (oben).

Erst 2021 hatte er ihn wieder: Beckenbauer mit seinem geliebten dunkelblauen Mercedes-Benz 450 SEL 6.9, den er einst im Zuge seines Wechsels zu New York Cosmos 1977 verkauft hatte.

wir Anderen trotzdem menschlich einwandfrei war. Wenn ich jemanden nennen muss, der mich beeindruckt hat, dann waren das Franz Beckenbauer und Prof. Martin Winterkorn. Ich habe mit ihm bei der Weltmeisterschaft 1986 noch mal mit ihm gearbeitet, auch da war es so: Er war immer souverän, er war jemand, den man geachtet hat, den man respektiert hat, den man geschätzt hat. Auch da hat er es niemanden spüren lassen, dass er der Chef war. Er war immer überlegen, aber er hat diese Überlegenheit nie gezeigt. Das Gefühl hat er einem vermittelt. Sein Humor war eigen, er hat die Dinge öfters mal leicht genommen. Diese Leichtigkeit hat er auf die Mannschaften übertragen und auch mal den ein oder anderen Spruch gebracht wie Geht's raus, spielt's Fußball.«

Pierre Littbarski (unter Franz Beckenbauer 1990 Weltmeister): »Er hat diese Öffentlichkeit gar nicht so sehr gesucht, er wollte nicht zu sehr im Mittelpunkt stehen, sondern er wollte Fußball spielen. Der Franz war kein lauter Komiker, wie der Sepp Maier. Wir haben mal gemeinsam mit Franz Pfeffer in Sepp Maiers Schnupftabak gemischt. Meine erste Begegnung mit ihm war 1977 bei Cosmos New York. Natürlich kannte ich ihn aus der Bundesliga. Aber: Ihn in einem ganz anderen Umfeld mit Pelé und George Best zu sehen, wie die zusammen auf dem Platz agiert haben, das war kein Altherrenfußball. Da habe ich gesehen, was für ein außergewöhnlicher Spieler ist. Als Trainer hat er mich ein paar Mal durch die Mangel gedreht. Er sagte mal: Hör zu, du kannst ja ganz gut dribbeln, aber wie wäre es, wenn du mal ein Tor machst? Die Weltmeisterschaft 1990 war ein Geschenk von Franz. Ich hatte ja eine große Klappe, aber bei Franz habe ich immer den kleinen Gang eingelegt. Ich habe ihn nie geduzt. Bei seinen Reisen vor der WM 2006 war er überall willkommen, das habe ich bei keinem anderen Menschen gesehen. Seine Eleganz, seine Leichtigkeit werden bleiben.«

GEORGE BEST

SCHNELLE AUTOS, SCHAMPUS, SCHÖNE FRAUEN

George Best, geboren 1946 in Belfast, führte ein Leben auf der Überholspur. Der Fußball-Popstar aus Nordirland wurde durch seinen opulenten und für die späten 1960er-Jahre außergewöhnlichen Lebensstil zu einem Liebling der britischen Boulevardpresse. Best als Lebemann, posierend mit teuren Autos und attraktiven Frauen, wirkte dabei selten wirklich glücklich, doch er spielte diese Rolle bis zum bitteren Ende.

DIE LETZTE MISSION

Das Ende war tragisch. Im Jahr 2003 saß der frühere Superstar von Manchester United auf der Rückbank eines silbergrauen Mercedes-Benz und nahm das Blitzlichtgewitter mit leerem Blick hin. Es war ein Moment, in dem er erneut vor sich selbst zu fliehen schien.

Sein langjähriger Manager Phil Hughes musste wenig später einen erneuten Alkoholrückfall bestätigen. Nach einem Vorfall in einem Landhotel nahe Lower Kingswood geriet Best in eine Schlägerei und verbrachte mehrere Stunden auf einer Polizeiwache. Besonders tragisch war dies, weil er erst wenige Monate zuvor eine lebensrettende Lebertransplantation erhalten hatte.

George Best (m.) tauchte in den 2000er-Jahren auch bei Charity-Spielen auf, wie hier 2001 bei »Soccer Six« mit den TV-Moderatoren Ant McPartlin und Declan Donnely.

George Best zum Start der Serie »The Trouble With the Sixties« des Fernsehsenders LWTs am 4. Januar 1993, öffentlichkeitswirksam mit einer BMW Isetta.

1968: George Best (r.) im Kopfballduell für Manchester United gegen den FC Everton.

»Der fünfte Beatle« wurde fast überall von den Fotografen abgelichtet… Selbst beim Parken am Bahnhof von Wilmslow, mit Freundin Carolyn Moore, Januar 1972.

ENFANT TERRIBLE UND POPSTAR

George Best war das ewige Enfant terrible und zugleich der erste große Popstar des britischen Fußballs. Seine Eskapaden waren ebenso legendär wie seine Dribblings. Pelé bezeichnete ihn einst als den besten Spieler der Welt.
Seine Sprüche wurden Kult, ebenso wie sein Lebensstil. Best verband außergewöhnliches Talent mit britischem Humor und einem

»ICH HABE VIEL GELD FÜR SCHNAPS, SCHÖNE FRAUEN UND SCHNELLE AUTOS AUSGEGEBEN. DEN REST HABE ICH EINFACH VERPRASST.«
GEORGE BEST

Gespür für Inszenierung. Ähnlich wie John Lennon von den The Beatles verkörperte er eine Mischung aus Genie und Rebellion.

DER AUFSTIEG ZUR LEGENDE

Entdeckt wurde Best 1961 vom Scout Bob Bishop, der ihn dem legendären Trainer Matt Busby empfahl. Mit 17 Jahren debütierte er für Manchester United.

Nach der Katastrophe des Munich Air Disaster 1958 brauchte der Klub Jahre, um sich zu erholen. Mit Best kehrte der Erfolg zurück. Spätestens nach seinem Auftritt gegen Benfica Lissabon 1966 war er europaweit bekannt.

Manchester United 1968: Die legendären »Busby Babes« mit dem Europapokal der Landesmeister.

Manchester-United-Star George Best im November 1969 auf dem Weg zum Derby gegen Manchester City – am Steuer seines Lotus Europa.

Ein Belfast Boy, der es geschafft hat: George Best auf Lotus, die Aufnahme entstand am 17. Oktober 1969.

Ein Fan an einem der vielen Wandgemälde von George Best in Belfast, hier am Stadion Windsor Park.

1968 führte er Manchester United im Europapokal der Landesmeister 1968 zum Triumph. Im Finale im Wembley-Stadion erzielte er ein

»WENN ICH IN ANFIELD FÜNF SPIELER UMSPIELEN KÖNNTE … ODER STATTDESSEN EINE MISS WORLD HABEN DÜRFTE – DAS WÄRE EINE HARTE WAHL.« GEORGE BEST

entscheidendes Tor und wurde noch im selben Jahr zu Europas Fußballer des Jahres gewählt.

RUHM UND SCHATTENSEITEN

Mit wachsendem Ruhm kamen auch die Probleme. Best wurde zum Dauergast in den Schlagzeilen. Der frühere Nationaltorhüter Pat Jennings erinnerte sich später daran, dass Best kaum noch unbeobachtet leben konnte und sich oft zurückzog, um dem Druck zu entgehen. Fotos von Partys, Alkohol und Luxus bestimmten zunehmend das Bild des Superstars. Sein Leben wurde zu einem öffentlichen Spektakel.

GEORGE BEST UND SEINE AUTOS

Auch bei seinen Autos spielte George Best in einer eigenen Liga. Während Teamkollegen wie Bobby Charlton oder Nobby Stiles bo-

denständig blieben, liebte Best spektakuläre Fahrzeuge.
Sein früher Austin 1100 wich bald einem Sunbeam Alpine. Besonders stolz war er jedoch auf seinen Jaguar E-Type, von dem er mehrere besaß. Einen davon zerstörte er betrunken nach einem Unfall in Manchester.
Weitere Vorfälle folgten, darunter Trunkenheitsfahrten und schließlich sogar eine Gefängnisstrafe im Jahr 1984 im HM Prison Pentonville.

FLUCHT IM SPORTWAGEN

Nach seinem endgültigen Bruch mit Manchester United im Jahr 1974 verließ Best das Stadion Old Trafford in einem Jaguar. Es war sein letzter Auftritt für den Klub. Trainer Tommy Docherty hatte ihn zuvor aus dem Kader gestrichen.
Der Jaguar E-Type wurde später versteigert und gilt heute als Symbol für Bests Abschied von seiner großen Karriere.

LUXUS UND STATUSSYMBOLE

Auf dem Höhepunkt seines Ruhms fuhr Best auch einen Iso Rivolta, ein Hochleistungssportwagen mit amerikanischem Motor. Auch der Johnny Hallyday besaß ein solches Modell.
Ebenso auffällig war sein Lotus Europa, der perfekt zum Zeitgeist der »Swinging Sixties« passte. 1972 erfüllte er sich schließlich einen weiteren Traum mit einem Rolls-Royce Silver Shadow – ein Symbol für Luxus und Exklusivität.

DER ABSTURZ

Nach seinem Abschied von Manchester United begann ein rasanter sportlicher Niedergang. Bis 1984 spielte Best für zahlreiche Klubs, darunter FC Fulham und die Fort Lauderdale Strikers, wo er unter anderem mit Gerd Müller zusammenspielte.
Seine internationale Karriere endete 1977. Trotz seines Talents nahm er nie an einer Weltmeisterschaft teil.

DAS ENDE UND DAS VERMÄCHTNIS

Am 25. November 2005 starb George Best im Cromwell Hospital in London an den Folgen eines Organversagens. Sein Tod löste weltweit große Anteilnahme aus.
Der legendäre Trainer Alex Ferguson bezeichnete ihn als den größten Spieler aller Zeiten.
In Belfast ist Best bis heute allgegenwärtig. Wandgemälde erinnern an den »Belfast Boy«, unter anderem in der Blythe Street und nahe dem Windsor Park. Auch sein Elternhaus im Stadtteil Cregagh ist zu einem Erinnerungsort geworden.

George Best entsteigt 1973 vor seinem Büro in Manchester seinem Rolls-Royce Silver Shadow.

Manchester-United-Star George Best testet sein neues Fahrrad, nachdem ihm ein Gericht in Manchester den Führerschein für sechs Monate entzogen hatte.

Verliebt, aber nicht verheiratet: Best und seine dänische Freundin Eva Haraldsted auf der Motorhaube des Lotus Europa, 24. August 1969.

Ein Mann entfernt Fan-Schals von dem Wagen, der den Sarg von George Best am 3. November 2005 durch Belfast fährt.

YCZ

»Fußballer Europas« 1968: Etwas nachdenklich zeigt George Best den Goldenen Ball – gemeinsam mit Manchester-United-Manager Sir Matt Busby im Old Trafford, 1969.

KAREMBEU
19

FABIEN BARTHEZ

BENZIN IM BLUT – ZWEITE KARRIERE FÜR EIN FUSSBALL-IDOL

Fabien Barthez hat im Fußball alles erreicht, was man erreichen kann: Champions-League-Sieger, Weltmeister, Europameister. Die Begegnung mit dem Formel-1-Fahrer Olivier Panis führte den Weltklasse-Torhüter aus Frankreich schließlich zu einer zweiten Karriere – als Autorennfahrer.

LÄSSIGKEIT IN LEVERKUSEN

Leverkusen, 10. Dezember 1997. Eine Szene sagte vieles über Fabien Barthez aus. Der französische Nationaltorhüter der AS Monaco lehnte sich beim Spielstand von 2:2 einfach lässig an den Torpfosten. Das Motto schien zu sein: »Mir doch egal, wie die da vorne spielen.« Mit diesem Remis erreichten sowohl Gastgeber Bayer 04 Leverkusen als auch Monaco das Viertelfinale der Champions League.

Ausgerechnet die sonst so braven Leverkusener! Ihr Ballgeschiebe gegen Monaco erzürnte selbst Medien, bei denen Fußball nicht zum Kernressort gehört. Die Journalistin Katrin Weber-Klüver schrieb in der Berliner taz über einen »Nichtangriffspakt« in der Schlussphase der Partie.

In diesen letzten Minuten, die an den berüchtigten »Nichtangriffspakt« zwischen der Bundesrepublik Deutschland und Österreich bei der Fußball-Weltmeisterschaft 1982 erinnerten, zeigte sich aber auch, was für ein unkonventioneller Charakter Barthez war. Bei ihm wusste man nie, was als Nächstes passieren würde.

Fabien Barthez und sein Vater Alain, Rugby-Nationalspieler Frankreichs, posieren vor dem Start der Saison 1992/93 in Marseille.

Nachdem er 2007 in Nantes von einem betrunkenen Fan attackiert wurde, beendete Barthez seine Fußballkarriere. Kurz darauf leistete er sich einen Ferrari 458 Italia.

MAL COOL, MAL EXPLOSIV

So konnte Barthez es auch einmal laufen lassen. Im UEFA-Cup-Viertelfinale zwischen Olympique Marseille und Inter Mailand urinierte er am 8. April 2004 tatsächlich auf den Rasen des Stade Vélodrome. Eine Gelbe Karte sah er dafür nicht. Expect the unexpected.

Auf dem Fußballplatz hatte Barthez diese Mischung aus Unberechenbarkeit und Furchtlosigkeit immer wieder gezeigt. Besonders deutlich wurde das im Finale der Fußball-Weltmeisterschaft

»ICH WILL NICHT ALS CLOWN IN ERINNERUNG BLEIBEN.«
FABIEN BARTHEZ

1998. Am 12. Juli 1998 räumte er im Pariser Stade de France den brasilianischen Superstar Ronaldo kompromisslos ab. Diese Szene symbolisierte seinen unbedingten Willen, den Titel zu gewinnen. Den einzigen Torschuss Ronaldos parierte Barthez souverän.

Am Ende feierte Frankreich seinen ersten WM-Titel. Der berühmte »Glückskuss« von Kapitän Laurent Blanc auf den kahlen Schädel von Barthez wurde zu einem der sympathischsten Rituale dieses Turniers.

EINE GROSSE KARRIERE IM FUSSBALL

Schon 1993 hatte Barthez im Münchner Olympiastadion Geschichte geschrieben. Nach einem 1:0 gegen den AC Milan gewann Olympique Marseille die erste Champions-League-Trophäe eines französischen Vereins. Barthez war damit der erste Torhüter eines französischen Klubs, der den Europapokal der Landesmeister gewann.

Im Jahr 2000 folgte der nächste große Triumph, als Frankreich im Finale der UEFA Euro 2000 in Rotterdam Italien mit 2:1 nach Verlängerung besiegte.

Barthez gewann Meisterschaften in zwei der sogenannten Top-5-Ligen Europas. Mit Manchester United holte er 2001 und 2003 die englische Meisterschaft und spielte dabei an der Seite des ebenfalls autobegeisterten David Beckham.

Fabien Alain Barthez machte zwischen 1994 und 2006 insgesamt 87 Länderspiele für Frankreich, hier 1999 vor einem EM-Qualifikationsspiel gegen die Ukraine.

DAS UNWÜRDIGE ENDE EINER WELTKARRIERE

Dennoch endete seine Fußballkarriere mit einem unschönen Zwischenfall. Am 30. April 2007 löste Barthez seinen Vertrag beim FC Nantes vorzeitig auf. Ein alkoholisierter Fan hatte ihn nach einer Niederlage gegen Stade Rennais FC an seinem Auto attackiert. Der

Die Motorsport-Karriere des Fabien Barthez begann mit vielen Renn-Ausfällen, hier im März 2008 beim Porsche-Carrera-Cup in Südfrankreich.

Barthez war auch ein Trainings-Weltmeister, hier im März 1992 bei Toulouse FC (unten).

Mann versperrte ihm den Weg und trat gegen das Fahrzeug. Barthez stieg schließlich aus und geriet mit ihm in eine Schlägerei. Augenzeugen berichteten später, dass mehrere betrunkene Fans auf das Auto eingeschlagen hätten.
Barthez erklärte anschließend in einem Radiointerview, er fühle sich in Nantes nicht mehr sicher, und verließ mit seiner Familie die Stadt.
Danach wurde es eine Zeit lang ruhig um den Weltmeister. Auch seine frühere Beziehung mit dem kanadischen Supermodel Linda Evangelista war längst Vergangenheit.

DER WECHSEL IN DEN MOTORSPORT

Der Motorsport hatte Barthez jedoch schon lange fasziniert. Er erklärte später in Interviews, dass ihn Rennwagen bereits während seiner aktiven Fußballzeit interessiert hätten, er aber erst nach dem Ende seiner Karriere die Möglichkeit gehabt habe, sich diesem Traum zu widmen.

Frankreichs Weltmeister-Elf von 1998, mit Zinédine Zidane (oben rechts) und Fabien Barthez (kniend, ganz rechts).

Ein entscheidendes Gespräch hatte er schon 1998 mit Olivier Panis geführt. Barthez erzählte später in der Dokumentation Brothers of Sport, dass der Weltmeistertitel damals so schnell gekommen sei, dass er kaum Zeit gehabt habe, ihn wirklich zu begreifen. Diese Erfahrung habe ihn zum Nachdenken gebracht, was nach der Fußballkarriere kommen sollte.

BARTHEZ, DER RENNFAHRER

Seine Motorsportlaufbahn begann 2008 im Porsche Carrera Cup France. Dort fuhr Barthez einen Porsche 997 GT3 Cup. Die GT3-Rennserie von Porsche existiert seit 1998, und der 997 GT3 kam erstmals 2005 im Porsche Supercup zum Einsatz.
Bei seinem Debüt konnte Barthez noch keine Punkte sammeln. Auch ein Start im Spider Cup brachte ihm zunächst keinen Erfolg. Beobachter bezeichneten diese Phase als typisches »Willkommen im Motorsport«, denn die Erfolge aus dem Fußball zählten auf der Rennstrecke nicht mehr.

DER ERSTE ERFOLG

In den folgenden Jahren startete Barthez unter anderem in der FFSA GT Championship und im Caterham Sigma Cup. Sein erster Podestplatz gelang ihm schließlich am 9. Mai 2010 auf dem Kurs von Dijon-Prenois. Gemeinsam mit dem jüngeren Fahrer Morgan Moullin-Traffort fuhr er in einem Dodge Viper SRT-10 Competition Coupé auf das Podium.
2011 gelang ihm mit dem erfahrenen Rennfahrer Gilles Duqueine in einem Ferrari F430 sogar sein erster Rennsieg.

> »ICH WOLLTE VERSTEHEN, WIE ES IST, IN EINEM RENNWAGEN ZU SITZEN.«
> EX-FUSSBALLPROFI FABIEN BARTHEZ ÜBER SEINEN EINSTIEG IN DEN MOTORSPORT

TOTAL
JD
PROMOTION
PULL
HYT

Diesen Ball lenkte Fabien Barthez trotz seiner nur (für einen Torhüter) 183 Zentimeter Körperlänge noch an die Querlatte, die französischen Nationalmannschaft gewann ihr Gruppenspiel gegen Dänemark bei der FIFA-Weltmeisterschaft 1998 mit 2:1-Sieg.

Wo Fabien Barthez auftauchte, waren die Mikrofone der Reporter nicht weit...

7. Juni 2017: Der Ligier JSP217-Gibson #23 von Fabien Barthez, Timothé Buret und Nathanaël Berthon während des 24-Stunden-Rennens von Le Mans.

DER GROSSE TRIUMPH IM GT-SPORT

2013 gewann Barthez gemeinsam mit Morgan Moullin-Traffort die Gesamtwertung der Meisterschaft. Der Erfolg gelang mit einem Ferrari 458 Italia GT2, einem Rennwagen mit einem 4,5-Liter-V8-Motor und rund 470 PS. Dieses Modell war auch bei den berühmten 24 Stunden von Le Mans erfolgreich und gewann das Rennen 2012 und 2014 in seiner Klasse.

> »ICH KENNE DEN KURS SEHR GUT, DIE ATMOSPHÄRE UND DEN GEIST, DER ÜBER DIESER STRECKE LIEGT.«
> FABIEN BARTHEZ ÜBER LE MANS

BARTHEZ UND PANIS IN LE MANS

Natürlich wollte Barthez auch in Le Mans antreten. 2014 startete er dort erstmals gemeinsam mit dem Fahrer Anthony Pons und erreichte mit seinem Ferrari 458 Italia GT2 Rang 29.
Zwei Jahre später gründete er gemeinsam mit Olivier Panis das Team Panis-Barthez Competition. 2016 startete das Team in Le Mans mit einem Ligier JS P2 und erreichte einen respektablen zwölften Platz.
Der Rennwagen wurde zwischen 2014 und 2016 gebaut und in verschiedenen internationalen Langstreckenserien eingesetzt.

EIN SPORTLER BLEIBT EHRGEIZIG

Auch danach blieb Barthez dem Motorsport treu. Bis 2022 startete er in verschiedenen Serien, unter anderem mit Fahrzeugen von Mercedes-Benz in der GT4 European Series.
Barthez sagte einmal über sich selbst, er wolle nicht als Clown in Erinnerung bleiben. Betrachtet man seine außergewöhnliche Karriere zwischen Fußballtor und Renncockpit, ist ihm das sicherlich gelungen.

RICHARD MILLE
EFG BANK
EXIT
ANDROS
PILOT
EXAGON

picard
www.nicecotedazur.org
edf
PILOT
BARTHEZ
Sportswear

Fabien Barthez (Auto ganz rechts), fuhr im Mai 2011 in Pau in Frankreich beim Rennen »Trophée Andros« mit.

Fabien Barthez stolz mit seinem Elektro-Rennwagen (2011). Der Ex-Torhüter sattelte erfolgreich um.

Fabien Barthez in Jubelpose – mit der französischen Nationalmannschaft gewann er drei Titel.

Der Panis Barthez Competition Ligier Nissan mit Fabien Barthez, Timothe Buret und Paul-Loup Chatin führt beim 24-Stunden-Rennen von Le Mans 2016 einen Pulk an Autos an.

HARRY KANE

HARRY, WIR BRAUCHEN DEN WAGEN!

Mit 30 entschied sich der Stürmer Harry Kane von Tottenham Hotspur für einen Spurwechsel – einen Transfer in die Bundesliga zum FC Bayern München. Er sollte neue Maßstäbe in der deutschen Eliteliga setzen. Der Wechsel des Kapitäns der englischen Nationalmannschaft zum deutschen Rekordmeister war im Sommer 2023 ein Medienereignis, aber auch ein Meilenstein in seiner Auto-Biografie.

Von null auf hundert – Harry Kane brauchte am 18. August 2023 nur 74 Minuten, um der Bundesliga erstmals »Hello« zu sagen. Der englische Rekordtransfer der Liga, für 95 Millionen Euro von Tottenham Hotspur zum FC Bayern München gewechselt, erzielte in seinem ersten Spiel in der deutschen Eliteliga, beim 4:0 bei Werder Bremen zum Saisonstart 2023/2024, auch sein erstes Tor.

In seinem ersten Pflichtspiel, dem DFL-Supercup gegen den DFB-Pokalsieger RB Leipzig (0:3) am 12. August 2023 in der Münchner Allianz Arena, ging er noch leer aus. Und er war not amused. Trotz fabulöser Torquoten – im ersten Bundesliga-Jahr schoss sich Harry Kane mit 36 Treffern aus 32 Spielen (!) zur Torjägerkanone – konnte der Engländer in München einen Makel nicht ablegen.

Endlich Titel! Harry Kane gewann mit Bayern München die ersten Trophäen seiner langen Profikarriere, hier der DFL-Supercup 2025.

Er hatte bis 2024 in seiner bis dato 14 Jahre währenden Karriere als Profifußballer noch keinen einzigen Titel gewinnen können. Knapp dran war Kane bei Tottenham Hotspur 2016 mit der Vizemeisterschaft hinter dem Sensationsteam von Leicester City, 2019 im rein englischen Champions-League-Finale gegen den FC Liverpool in Madrid (0:2) und im EURO-Finale 2021 im heimischen Wembley-Stadion mit der englischen Nationalmannschaft.
Immer wieder stapfte Kane aber am Ende geknickt an den Pokalen vorbei. Dass es mit Bayern im Premierenjahr nichts wurde, lag an einem überragend aufspielenden Titelkonkurrenten Bayer 04 Leverkusen. Die Rheinländer sicherten sich ungeschlagen die erste

»WENN ALEXANDER ISAK 150 MILLIONEN EURO WERT IST, DANN IST HARRY KANE 250 MILLIONEN WERT.« ULI HOENESS ÜBER PREMIER-LEAGUE-REKORD-TRANSFER ALEXANDER ISAK VOM FC LIVERPOOL UND HARRY KANE.

deutsche Meisterschaft ihrer Vereinsgeschichte (vgl. Autos der Fußball-Stars, Vol. 1 – Meister-Autos: Bayer Leverkusen) – und an dem »Tag, an dem Harry Kane einmal nach Saarbrücken kam – und nicht spielte.«
Am 1. November 2023 unterlag der FC Bayern im DFB-Pokal sensationell dem Drittligateam 1. FC Saarbrücken (1:2). Trainer Thomas Tuchel setzte Kane dabei im Ludwigsparkstadion nicht ein. Beim Champions-League-Halbfinale 2024 bei Real Madrid verletzte sich Kane, die Münchner verloren mit 1:2. Die Neuauflage des Finales in der »Königsklasse« von 2013 gegen den BVB war geplatzt …
Der Autor hat die erste, turbulente Saison des Harry Kane in München für The Sun begleitet und den Engländer am 29. März 2025 für das britische Boulevardblatt interviewt. Sein Eindruck: Harry Kane ist ein smarter, hochprofessioneller Fußballer und damit ein großartiger Diener des FC Bayern und der englischen Nationalmannschaft.

WAS KANE MIT DERRICK VERBINDET …

In München galt mit der Ankunft des Rekordtransfers aber auch das Motto: »Harry, hol schon mal den Wagen!«
Dieser Kultspruch ist umstritten bzw. er basiert auf gefährlichem Halbwissen. Er kam wörtlich in keiner der zwischen 1974 und 1998 produzierten 281 Episoden der in München spielenden Krimiserie Derrick vor. »Harry, wir brauchen den Wagen«, gilt als die gesicherte Variante. Ein ähnlicher Satz fiel aber in der zweiten Derrick-Folge »Johanna« mit Lilli Palmer und Helmut Lohner.
Oberinspektor Stephan Derrick, gespielt von Horst Tappert († 2008 / »Ich habe ganz vergessen, Ihnen zu sagen, dass ich auch oft hier bin. Aber nur, wenn das Stadion voll ist. Ich bin nämlich Fußball-

So authentisch wie hier bei einem Audi-Pressetermin, so kommt Harry Kane in München auch in den Interviews rüber.

Harry Kane spielte mit den Bayern 2024 und 2026 um das Erreichen des Champions-League-Finales.

Kane im November 2025 vor dem Team-Bus des FC Bayern.

Der Rekord-Torjäger der englischen Nationalmannschaft mit seinem geliebten Jaguar F-Pace.

Harry Kane feiert den Sieg im Franz-Beckenbauer-Supercup 2025 zwischen dem VfB Stuttgart und dem FC Bayern München am 16. August 2025 mit einem Selfie-Moment.

Harry Kane und Leon Goretzka (r.) hatten 2026 genügend Gründe zum Feiern: Sie brachen den Bundesliga-Tor-Rekord für eine einzelne Saison aus dem Jahr 1971/72.

Harry Kane beim offiziellen Auto-Termin mit dem FC Bayern im August 2023 in Ingolstadt (links).

fan!«, Schlusssatz der Folge »Hals in der Schlinge« mit Günther Strack, 1977), sagte zu seinem Partner Harry Klein, gespielt von Fritz Wepper: »Harry, wir brauchen den Wagen, sofort!«. Dieser Satz bezog sich allerdings nicht auf den Dienstwagen, sondern auf das Fahrzeug eines Verdächtigen.
In Folge 73 (»Auf einem Gutshof«) sagte Derrick gegen Ende: »Harry, ich brauch den Wagen!«

AUTO-WERBESPOT MIT HARRY KANE: VERY BRITISH

Dieser Satz dürfte so oder zumindest so ähnlich auch im Hause Kane gefallen sein, nachdem die Familie in München eingetroffen war. In Medien-München war man vom ersten Tag an auf den Spuren der Kanes.

Harry Kane bei seinem ersten Besuch beim Münchner Oktoberfest (SPORT BILD, Ausgabe 39 / 2023) oder »Die perfekte Familie – Ganz ohne Skandale« in BILD am SONNTAG vom 2. Juli 2023, durchaus ambitionierte Wortspiele vom geschätzten Kollegen Walter M. Straten (»Der Kane wäre ihr Schicksal.«), im Sommer 2023 dachte man sich mitunter: Das kann doch nicht wahr sein ... Aber bei der Auto-Wahl von Harry Kane ist es ein wenig anders als bei unseren Beckhams, bei deren Autos die Posh abging. Kane setzt bevorzugt auf britische Marken.
Im Anschluss an das Bundesliga-Spiel gegen den FC Augsburg (3:1) mit zwei Toren von Kane ging es für den Neuzugang Ende August 2025 aber erst mal nach Ingolstadt. Dort holte sich Kane seinen neuen Wagen ab und zwar, wie das Portal sportbible.com konstatierte, »indem er eine strikte Regel bei Bayern München befolgte.«
Richtig. Seit Anfang 2002 arbeitet der deutsche Rekordmeister mit dem Ingolstädter Autokonzern Audi zusammen, nachdem man zuvor seit 1989 die Rüsselsheimer Opel AG als Auto-Partner im Rücken hatte. Opel zahlte pro Saison 15 Mio. Euro, ein Betrag, mit dem die Konkurrenz damals schon abgehängt war. Die Ingolstädter, ein Gesellschafter der FC Bayern München AG, zahlen jährlich und bis 2029 rund 50 Millionen Euro für das Sponsoring. Wer kann damit schon mithalten?

Der Dienstwagen des Harry Kane – ein Audi Q8 TFSI e quattro, einem Plug-in-Hybrid-SUV aus Ingolstadt

Fotografen umlagern am 11. August 2023 das Krankenhaus Barmherzige Brüder in München-Nymphenburg, wo Harry Kane vom FC Bayern den Medizincheck absolvierte (oben rechts).

Dazu gehört auch, dass Spieler, Trainerteam und Verantwortliche die neuesten Audi-Modelle erwerben dürfen. Umlagert von den Fans holte sich Harry Kane Ende August 2023 seinen neuen Wagen ab. Es war ein Audi Q8 e-tron im Wert von ca. 98.000 Euro.

Während sich seine Teamkollegen Thomas Müller, Leroy Sané und Joshua Kimmich und neun weitere Bayern-Profis damals für einen Audi RS e-tron GT entschieden – mit 440 kW Leistung beschleunigt der Audi RS e-tron GT in 3,3 Sekunden von 0 auf 100 km/h – setzte Kane auf den Audi Q8 e-tron in der Farbe »Mythosschwarz Metallic«.

2025 stieg Kane – wie seine Münchner Mitspieler Luis Díaz, Leon Goretzka, Konrad Laimer oder Nicolas Jackson – auf einen Audi Q8 SUV TFSI e um.

Das ist ein luxuriöser Plug-in-Hybrid-SUV, der einen 3,0-Liter-V6-

»HARRY KANE! A WARM WELCOME AUCH VON DIESER STELLE. « THOMAS MÜLLER BEI DER ANKUNFT VON HARRY KANE BEIM FC BAYERN, AUGUST 2023.

Benziner mit einem Elektromotor kombiniert. Er bietet bis zu 83 km (WLTP) elektrische Reichweite, 290 kW (394 PS) im 55 TFSI e bis 360 kW (490 PS im 60 TFSI e) Systemleistung sowie einen Quattro-Allradantrieb.

Die Bedingung beim Audi-Deal: Die Bayern-Stars müssen mit diesen Autos zum Trainingsgelände an der Säbener Straße kommen. »Für mich war es wichtig, ein Familienauto zu bekommen«, sagte Kane nach Erhalt seines ersten Bayern-Audi, »jetzt, wo ich vier Kinder habe, brauche ich den Platz einfach.« Frei nach dem berühmten VW-Sharan-Werbespot: »Tja, mit Kindern braucht man ordentlich Platz.«

Dass Harry Kane bald nach seiner Ankunft in Deutschland für Audi warb, verwunderte nur wenig. In einem Clip folgte Harry Kane einfach dem Wegweiser – und irritierte damit seine Mitspieler und Mitfahrer Thomas Müller und Mathys Tel.

Müller: »Harry, wo fahren wir hin?« – Kane: »Umleitung!« – Tel: »Thomas, meint der das ernst?« Müller: »Harry, du weißt, dass Umleitung kein Ort ist?« – Kane: »Thomas, ich weiß. Aber so lerne ich mein neues Zuhause kennen.«

Britischer Humor mitten in München, schön.

HARRY KANE: »HE'S GOT THE JAG«

Als Harry Kanes Lieblingsauto gilt ein Jaguar F-Pace, ein Premium-SUV und eines der letzten Modelle mit Verbrennungsmotor vom britischen Hersteller. Bei einer Leistung von 550 PS und einem an einen Sportwagen angelehnten Design zeigte sich der Fußballstar aus London durchaus angetan.

»Ich liebe den Jag sehr«, so Kane gegenüber sportsbible.com, »er passt perfekt für die Kinder und die Hunde, ein Familienauto mit sportlicher Note, für mich passt das.«

Nicht mehr passend war ein Auto, das in Kanes Garage sicher das absolute Kronjuwel war: ein Bentley Continental GT Sports, den er für umgerechnet 240.000 Euro erworben hatte.

Es war Kanes teuerstes Auto. Dazu kam auch ein 100.000 Euro teurer Range Rover Autobiography, der von null auf 100 in 4,8 Sekunden beschleunigt.

Harry Kane und Maksims Toņiševs kämpfen am 14. Oktober 2025 im Spiel zwischen England und Lettland für die Qualifikation zur FIFA-WM 2026 im Daugava Stadium um den Ball.

Harry Kane verlor mit England bereits zwei EM-Finals, entsprechend verärgert reagierte er am 9. September 2025 auf eine vergebene Torchance in der WM-Qualifikation gegen Serbien.

HARRY KANE: BENTLEY FOR SALE

Doch Kane trennte sich Ende März 2025 von seinem Bentley, der in limitierter Stückzahl von 710 Exemplaren gebaut wurde.
Zu den Fußball-Promis, die ihn fuhren, gehören auch sein früherer Tottenham- und Nationalmannschaftskollege Bamidele Jermaine »Dele« Alli, der anders als Kane nicht die glanzvolle Karriere machte und nach einem halben Jahr in der Vereinslosigkeit seit 2015 bei Como 1907 in Italien spielt, sowie – natürlich – Cristiano Ronaldo.
Der Wagen von Harry Kane wurde für umgerechnet 83.500 Euro beim Online-Händler Autotrader angeboten.
Um ihn abzugeben, nahm Kane einen Wertverlust von 65 Prozent in Kauf, nachdem er den Bentley 2020 gekauft hatte. Die Ausstattung des Kane-Cars: Soundsystem mit acht Lautsprechern, beheizbare Sitze, 21-Zoll-Leichtmetallfelgen. »Es kommt nicht jeden Tag vor, dass ein Auto wie dieses mit einem solchen Star-Appeal auf den Markt kommt«, sagte Erin Baker, Redaktionsleiterin von Autotrader, über den Verkauf des Kane-Wagens.
Warum Kane sich von seinem Bentley trennte, verriet er gegenüber The Sun: »Ich dachte, ich würde mir mal einen Sportwagen gönnen, aber weil ich auch Golf spiele, brauche ich etwas mehr Platz, nichts zu Niedriges, vielleicht etwas, das ein bisschen anders ist.«
Und er fügte hinzu: »Wenn ich ein paar Titel gewinne, dann kann ich mir vielleicht einen Ferrari oder Lamborghini gönnen.«
Das sollte drin sein. Harry Kane kommt laut der Sunday Times auf

Harry Kane 2024 beim Besuch eines FCB-Fanclubs in Kirchweidach.

ein geschätztes Vermögen von 100 Millionen Euro. Doch eines konnte sich »King Kane« auch von diesem königlichen Salär nicht kaufen: einen Titel als Profifußballer.

Den musste er sich erst verdienen. Nach der Null-Titel-Saison 2023/2024 und dem »Aus« für Thomas Tuchel, der seit Oktober 2024 als Kanes Trainer bei der englischen Nationalmannschaft firmiert, war es endlich soweit.

AUSGEBREMST: »DAS IST TEIL MEINER GESCHICHTE«

Es wurde eine Nervenprobe. Gut, Kane hatte seine Tore gewohnt zuverlässig erzielt. Doch ausgerechnet im »Meisterspiel« bei RB Leipzig am 3. Mai 2025 musste er auf der Tribüne eine Gelbsperre absitzen.

»Ich bin sehr enttäuscht, dass ich eine Gelbe Karte bekommen habe«, so kommentierte Kane gegenüber BILD am SONNTAG diese Sperre beim 3:0 über Mainz 05 im vorangehenden Spiel, »unglücklicherweise kommen einige Leute in die Allianz Arena, um sich einen Namen zu machen (gemeint war Schiedsrichter Bastian Dankert aus Rostock, dessen Verwarnungskarte Kane ausbremste). Das Spiel in Leipzig zu verpassen, ist irgendwie Teil meiner Geschichte. Aber keine Sorge, ich werde mehr jubeln als jeder andere.«

Das tat er dann im Regen von Leipzig nach einem 2:2 und der rechnerisch perfekten Meisterschaft tatsächlich. Am 10. Mai 2025 erhielt Harry Kane mit der DFB-Meisterschale im Anschluss an das

> »ES KOMMT NICHT JEDEN TAG VOR, DASS EIN AUTO WIE DIESES MIT EINEM SOLCHEN STAR-APPEAL AUF DEN MARKT KOMMT. «
> ERIN BAKER, AUTOTRADER, ÜBER DEN VERKAUF VON HARRY KANES BENTLEY CONTINENTAL GT, 2025

letzte Bundesliga-Heimspiel gegen Borussia Mönchengladbach (2:0) endlich seine erste Trophäe im Profifußball. Er feierte sie bei Instagram auf seine wunderbar bescheidene Art. Mit »Three Little Birds« von Bob Nesta Marley († 1981), der nachweislich BMW fuhr. Every little thing's gonna be all right.

Über die Online-Plattform Autotrader bot Harry Kane seinen Bentley Continental GT Supersports zum Verkauf an. Das limitierte Modell (710 Exemplare weltweit) wurde 2020 angeschafft und stand für rund 70.000 Pfund (ca. 83.500 Euro) zum Verkauf.

In der Zeitschrift »auto motor und sport« berichtete Harry Kane über seine Auto-Leidenschaft.

STARTSEITE > Verkehr > Politik & Wirtschaft > Harry Kane: Die Autos des Fußball-Superstars

HARRY KANE UND SEINE AUTOS

„Noch nicht bereit, in Deutschland zu fahren“

Der neue Stürmer-Star von Bayern München verdient 25 Millionen Euro im Jahr. Investiert er davon auch etwas in teure Autos? Ja! Wir zeigen, was sich Harry Kane gönnt. Selbst fahren kommt für ihn allerdings bislang nicht infrage.

Marcel Sommer • 24.08.2023

Harry Kanes Leidenschaft gehört edlen britischen Automobilen. Von seine weißen Bentley Continental GT Supersports trennte er sich aber nach kurzer Zeit wieder.

LOTHAR MATTHÄUS

DIE AUTOS MÜSSEN ZUM GÜRTEL PASSEN

Lothar Herbert Matthäus – rund um den 65. Geburtstag des deutschen Rekord-Nationalspielers am 21. März 2026 wurden viele Anekdoten erzählt. Als Motorsport-Fan hatte sich Lothar 2025 positioniert – und bei seinen Autos folgte er einem festen Prinzip.

Einen besseren Rahmen hätte sich Lothar Herbert Matthäus an seinem 65. Geburtstag kaum wünschen können. Der deutsche Rekord-Nationalspieler, Welt- und Europameister der Jahre 1990 und 1980, kommentierte als Sky-Experte den Bundesliga-Hit Borussia Dortmund gegen den Hamburger SV (3:2) im Westfalenstadion und war ein bisschen gerührt. »Es freut mich sehr, dass die Menschen in ganz Deutschland mir zum Geburtstag gratulieren«, sagte Lothar Matthäus vor dem Spiel BVB gegen den Hamburger SV im Vorlauf bei Sky, »erst in München, dann in Düsseldorf am Flughafen, nun in Dortmund.«

Das hat sich der gute Lothar auch verdient. »Er hatte eine unglaubliche Siegermentalität«, sagte BVB-Idol Andreas Möller bei SPORT BILD über ihn, »auch abseits des Platzes hatte er eine besondere Aura. Wenn er morgens in den Frühstücksraum kam, konntest du seine Dominanz und seinen Status förmlich spüren.«

Wobei Matthäus beim Essen im Mannschaftskreis mitunter seine Probleme hatte: »Der eine will Fisch zum Abendessen, der andere Pommes frites.« Das geht natürlich nicht.

Fußball-WM 1990 in Italien: Lothar Matthäus (l.) im legendären Halbfinal-Spiel gegen England in Turin.

»DAS IST ARBEIT, WO MAN LEISTET AM SAMSTAGNACHMITTAG«

Was aus Matthäus' Sicht auch nicht ging, war die Schiedsrichterleistung von Hellmut Krug aus Gelsenkirchen im Auswärtsspiel des FC Bayern beim Karlsruher SC (2:2) am 19. November 1994 im Wildparkstadion mit einem späten und aus seiner Sicht unberechtigten Freistoß zum Ausgleich für den KSC.

»Das ist Arbeit, wo man leistet am Samstagnachmittag, und ein Mann im Stadion bringt die Spieler um ihre Leistung, um die Prämie, um alles«, giftete Matthäus deutlich in seinem legendären, von den Mikrofonträgern verfolgten, wilden Kabinen-Lauf im Wildpark, »der Schiedsrichter muss eine tolle Prämie vom KSC gekriegt haben, Schweinerei sowas!«

Eine Woche später relativierte er beim Pay-TV-Sender Premiere: »Sauerei habe ich nicht gesagt und geschrien habe ich auch nicht ...«

Lothar Matthäus – seine Sprüche sind absoluter Kult. Um seine Auto-Biografie zu verstehen, muss man den Weltfußballer und die Medienfigur Lothar Matthäus in einen gemeinsamen Kontext setzen.

Legendär sind in den letzten Jahren vor allem seine verbalen Duelle mit Bayern-Macher Uli Hoeneß, der 2002 gelobt hatte, dass

Der »FC Hollywood« in Reinkultur: Lothar Matthäus beim Ski-Urlaub des FC Bayern im Dezember 1996 in Zürs, Vorarlberg (Österreich).

Matthäus nicht einmal Greenkeeper im neuen Stadion würde, solange er und Karl-Heinz Rummenigge beim FC Bayern das Sagen hätten. Matthäus plauderte irgendwann aus dem Nähkästchen:

»MOTORSPORT HAT MICH SCHON IMMER FASZINIERT.«
LOTHAR MATTHÄUS, 2025

»Wir sind früher ein bisschen härter angepackt worden. Du warst ja nicht mal unter der Dusche gestanden, da hat dich Uli Hoeneß schon vor der Kamera beleidigt.«

MATTHÄUS VON GLADBACH ZU BAYERN: DER »JUDAS-TRANSFER«

Richtig ist aber auch, dass das »Cleverle«, wie Hoeneß im Schwäbischen auch genannt wird, Lothar Matthäus 1984 vom Rivalen Borussia Mönchengladbach zum FC Bayern geholt hat und ihm half, vom Bundesliga-Star zum Weltstar zu werden. Ein Geheimtreffen in einem Hotel in Düsseldorf machte den Anfang zu einem der kontroversesten Transfers der Bundesliga-Geschichte.

Die Münchner zahlten Gladbach, das ihn 1979 vom 1. FC Herzogenaurach an den Niederrhein geholt hatte, umgerechnet 1,2 Millionen Euro Ablöse für die Dienste von Matthäus, um ihn 1988 für 3,6 Millionen Euro an Inter Mailand abzugeben.

Der Transfer nach Gladbach hatte deshalb eine Pikanterie, weil Lothar Matthäus im DFB-Pokal-Finale 1984 in Frankfurt, seinem letzten Fall im Dress von Borussia Mönchengladbach, gegen die Bayern einen Elfmeter verschoss. Die Münchner wurden Pokalsieger …

Auch deswegen gilt Matthäus in Mönchengladbach, wo 1979 seine Weltkarriere begann, bis heute als »Judas« oder als Lothar non grata.

In München wurde Matthäus auf Anhieb Deutscher Meister. Die

Lothar Matthäus, der Jung-Nationalspieler. An den Rekord von 150 Länderspielen dachte er 1983 sicherlich noch nicht…

Bayern landeten zum dritten Mal in der Bundesliga einen Start-Ziel-Sieg, gaben die Tabellenspitze nach dem ersten Spieltag (3:1 in Bielefeld, erstes von 100 Pflichtspieltoren von Matthäus für den FC Bayern) nicht mehr ab.
Und Lothar Matthäus? Er gönnte sich einen BMW – eine schwarze Limousine der 6er-Baureihe, ein 4,6 Meter langes Nobel-Coupé. Dieser Klassiker aus der Oberklasse wurde bis 1989 von den Münchnern produziert. Der gelernte Raumausstatter Matthäus posierte gern auf der Motorhaube.
1992 kehrte Matthäus – nicht ohne einen Knall – von Inter Mailand, wo er 1989 italienischer Meister und 1991 UEFA-Cup-Sieger wurde, zum FC Bayern München zurück. Sein Tor per Direktabnahme zum 2:1 für die Bayern beim 4:2-Erfolg am 21. November 1992 bei Bayer Leverkusen machte ihn auf dem Boulevard zum »Torminator«, analog zu dem zeitgleich auf der Kinoleinwand aufräumenden österreichischen Schauspieler Arnold Schwarzenegger als »Terminator«.
Wenig später war der FC Bayern auch dank Boulevard-Spezi Matthäus der »FC Hollywood«. Dass er seinen Intimfeind im Verein und in der Nationalmannschaft, den unkonventionellen Schwaben Jürgen Klinsmann, in dieser Hochphase des Boulevards in SPORT BILD zum TV-Duell herausforderte, gehört in eine Reihe von heute unglaublich anmutenden Boulevard-Stücken.
Lothar Matthäus polarisierte, ob beim FC Bayern oder in der Nationalmannschaft. Sein Machwerk Mein Tagebuch (1997, Sportver-

Ausflug in den Motorsport: Matthäus im BMW i8 Qualcomm safety car mit Bruno Corriea während des Berlin ePrix at Berlin am Flughafen Tempelhof, Mai 2018.

Lothar Matthäus mit Sohn Loris und Ehefrau Lolita 1995 im damals topaktuellen Opel Astra-Cabrio.

lag Berlin), in dem er Interna aus der Bayern-Kabine öffentlich machte, kostete ihn die Kapitänsbinde beim Rekordmeister. Die ZDF-Dokumentation FC Hollywood (2025) hat den Münchner Komödienstadel von damals brillant festgehalten.

»WIR SIND FRÜHER EIN BISSCHEN HÄRTER ANGEPACKT WORDEN. DU WARST JA NICHT MAL UNTER DER DUSCHE GESTANDEN, DA HAT DICH ULI HOENESS SCHON VOR DER KAMERA BELEIDIGT.« LOTHAR MATTHÄUS ÜBER SEINE ZEIT ALS PROFI.

Im März 2000 verabschiedete sich Matthäus aus der Bundesliga, zuvor an einem denkwürdigen Abend gegen Real Madrid (4:1) im Münchner Olympiastadion aus der Champions League, die er übrigens nie gewinnen konnte, und wagte das Abenteuer Amerika. Er heuerte beim Fußball-Franchise New York Metro Stars an und lieferte eine Vorstellungs-Pressekonferenz, die bis heute kabarettistischen Mehrwert hat. Es war English for Runaways: »We look in front and not behind«, »I am a German record player« oder: »Ich denke, dass ich in sechs bis acht Wochen Interviews auf Englisch geben kann, die wo jeder Deutsche versteht.« We call it a Klassiker! Nach einer Reihe von weniger glücklichen Engagements als Trainer – als Assistent des legendären Giovanni Trapattoni konnte er 2007 mit Red Bull Salzburg die österreichische Meisterschaft gewinnen – vollzog Matthäus in seiner Rolle als Kolumnist für SPORT BILD und als TV-Experte bei Sky und RTL einen erstaunlichen Imagewandel. Er wurde zu einem »Elder Statesman« des deutschen Fußballs. Das ging so weit, dass ihn sein einstiger Mittelfeldspieler Stefan Effenberg als DFB-Präsident ins Spiel brachte.

Opel, Bayern und Lothar Matthäus - das passte über viele Jahre perfekt zusammen, wie zahlreiche Werbepartnerschaften beweisen (oben).

Rom, 8. Juli 1990: Lothar Matthäus und Pierre Littbarski (r.) auf der Ehrenrunde mit dem WM-Pokal.

»LOTHAR MATTHÄUS IM RALLYE-AUTO ZU HABEN, DAS IST UNGLAUBLICH!«

Lothar Matthäus – einer, der sich immer wieder neu erfindet. Als Trainer war der Franke sicher keine Idealbesetzung. Aber als Spieler war er ein mitreißender Leader, Kapitän, nimmermüder Kämpfer und fußballerisch über jeden Zweifel erhaben.

Im Juli 2025 begab er sich wieder auf neues Terrain. Als Rallye-Fahrer stieg er für einen österreichischen Sportwetten-Anbieter in den 350 PS starken Wagen von Pilot Michael Lengauer.

Der Rekord-Nationalspieler als furchtloser Rallye-Pilot – so kennen wir Lothar Matthäus. Der junge Pilot Lengauer, der mit dem Skoda eines Salzburger Wettanbieters auch die Rallye-Meisterschaft des Landes bestritt, war begeistert: »Es ist unglaublich, Lothar Matthäus in meinem Rallye-Auto zu haben. Er ist eine absolute Legende im Fußball und deshalb war ich gespannt, wie er sich im Rallye-Sport schlagen wird. Sein Ehrgeiz war bemerkenswert, er hat als Co-Pilot unheimlich schnell gelernt.«

Von 1988 bis 1992 spielte Matthäus für Inter Mailand spielte. Bei einem Fototermin in Appiano Gentile 1989 präsentierte er stolz seinen 7er-BMW der Baureihe E32.

Mit dem Skoda Fabia RS Rally2 jagten Matthäus und der junge Österreicher Lengauer durchs Mühlviertel. Drifts, Sprünge, Höchstgeschwindigkeit – als Co-Pilot von Lengauer musste die lebende Fußball-Legende ein Roadbook erstellen und den aufstrebenden Rallye-Fahrer aus Freistadt (Oberösterreich) durch die Wertungsprüfung führen.
Dann saß Matthäus selbst am Steuer. Sein Eindruck: »Motorsport hat mich schon immer fasziniert. Im Fußball, da bin ich Experte, aber deswegen ist es für mich umso spannender, dass ich mich auch in anderen Sportarten beweisen kann. Rallye ist Adrenalin pur und ich freue mich, dass ich Michi unterstützen kann.«
Adrenalin pur – erst recht bei und in einem Wagen wie dem Skoda Fabia, von dem im Motorsport weltweit inzwischen 450 Fahrzeuge unterwegs sind. 1.700 Gesamtsiege wurden mit diesem Wagen eingefahren, darunter allein vier Erfolge auf der legendären Rallye Monte Carlo. Zwischen 2015 und 2022 errang Skoda Motorsport mit dem Wagen mit Vierzylinder-Motor zwölf Weltmeistertitel in der Fahrer- und in der Mannschaftswertung.

»DAS OPTISCH SCHÖNSTE AUTO«

Das entspricht in etwa der Titelsammlung des Lothar Matthäus mit dem FC Bayern in den nationalen Wettbewerben (sieben deutsche Meisterschaften, dreimal DFB-Pokalsieger, Supercup-Sieger 1987 und dreimal DFL-Ligapokalsieger).
Sein zweites Engagement bei Bayern München fiel in die absolute Hochphase seiner Karriere.
Mitte der 1990er-Jahre, als er Bayern München per Freistoß am letzten Spieltag 1994 gegen den FC Schalke 04 (2:0) und im Fernduell mit Kaiserslautern zum deutschen Meistertitel schoss, ehe es in Opel-Cabrios auf die Ehrenrunde durchs Olympiastadion und dann zum Marienplatz ging, bildete er mit seiner mondänen Ehefrau, der Schweizer TV-Moderatorin Lolita Morena, das Glamour-Paar der Bundesliga.

Lothar und Lolita vor einem schwarzen Ferrari – dass es sich, wie die Stuttgarter Zeitung mutmaßte, »um ein Familienauto« handelte, ist unwahrscheinlich.
Aber: Lothar Matthäus fuhr nachweislich zwei Ferrari-Wagen. Einen Ferrari 550 Maranello, von dem er selbst sagte, dass es »das optisch schönste Auto war, das ich jemals gefahren habe«. Dazu einen Ferrari Testarossa. Diesen hatte er natürlich in seiner Zeit bei Inter Mailand.
Ob sich Matthäus bei Inter Mailand, also ... hinter Mailand ..., ein bestimmtes Mode-Verständnis angeeignet hat, ist nicht überliefert. Manifestiert hat er es aber in dem Spruch: »Die Schuhe müssen zum Gürtel passen.«

Motor Matthäus: Nach seiner aktiven Karriere sah man Matthäus in Dubai 2001 als Fahrer eines Wagens von Rally Champion Mohammed Ben Sulayem.

Die deutsche Weltmeister-Elf von 1990 mit Kapitän Lothar Matthäus, knieend, ganz rechts.

Ein Jahr später jubelte Lothar Matthäus mit seinen deutschen Teamkollegen Andreas Brehme und Jürgen Klinsmann im Trikot von Inter Mailand über den Gewinn des UEFA-Cups 1991. Im rein italienischen Finale gegen sich Mailand gegen AS Rom durch.

»BEI AUTOS MUSS MAN MATTHÄUS NICHTS ERKLÄREN«

KURZ-INTERVIEW MIT ARBEN OSAJ, GESCHÄFTSFÜHRER DER RENT ME AUTOVERMIETUNG IN MÜNCHEN, MOTORWORLD, DER 2017 EINEN WAGEN AN FUSSBALLSTAR LOTHAR MATTHÄUS VERMIETETE.

HERR OSAJ, WIE KAM ES ZU DER ZUSAMMENARBEIT MIT LOTHAR MATTHÄUS?

ARBEN OSAJ: ER FAND UNS IM INTERNET, TRAT AN UNS HERAN UND SAGTE, DASS ER EINEN SUV FÜR AUSLANDSREISEN BRAUCHT. DAMALS HATTE ER NOCH MIT SEINER FAMILIE SEINEN WOHNSITZ IN BUDAPEST, UNGARN (SEIT 2021 LEBT MATTHÄUS WIEDER IN MÜNCHEN, D. RED.). ER BRAUCHTE EINEN WAGEN, DER LÄNGER IM AUSLAND GEFAHREN UND ABGESTELLT WERDEN KANN.

ICH FRAGTE IHN, NACHDEM ER UNS BEAUFTRAGT HATTE, OB WIR EIN FOTO MACHEN DÜRFEN. ER MUSSTE DAFÜR ERST RÜCKSPRACHE MIT SEINEM MANAGEMENT HALTEN, OB DAS OKAY IST, UND DANN HABE ICH DAS FOTO MIT IHM UND DEM AUTO GEMACHT UND BEI FACEBOOK VERÖFFENTLICHT.

WELCHEN WAGEN HAT ER GEMIETET?

OSAJ: DAS WAR EIN AUDI Q7 IN SCHWARZ, EIN SEHR EXKLUSIVER SUV, DAMALIGER WERT: 150.000 EURO.

STIMMT ES, DASS ER DEN WAGEN VERUNFALLT HAT?

OSAJ: JA. WIR HABEN DEN WAGEN VERUNFALLT ZURÜCKBEKOMMEN, ES WAR EIN VERSCHULDETER UNFALL VON HERRN MATTHÄUS. ICH WEISS ALLERDINGS NICHT, OB DAS IM IN- ODER IM AUSLAND WAR. ES WURDE JEDENFALLS ÜBER DIE VOLLKASKO ABGERECHNET …

WIE WAR LOTHAR MATTHÄUS ALS FAHRER UND ALS KENNER DES WAGENS?

OSAJ: ER HAT SICH RECHT GUT AUSGEKANNT, HAT SICH VERSCHIEDENE ANDERE FAHRZEUGE ANGESCHAUT – FERRARI, LAMBORGHINI UND SO WEITER. ABER: ER HAT SICH IN SEINER VERGANGENHEIT MIT SPORTWAGEN AUSEINANDERGESETZT, DAS HAT MAN GEMERKT. SOMIT MUSSTE MAN IHM IN SACHEN AUTOS NICHTS ERKLÄREN.

GAB ES DANACH NOCH EINEN KONTAKT?

OSAJ: NEIN, DAS WAR EINE EINMALIGE ANMIETUNG.

Lothar Matthäus vor dem gemieteten Audi Q7 2017 in München.
Foto: Rent Me Autovermietung / Arben Osaj

LOTHAR UND DIEGO IM TESTAROSSA

Das gilt auch für seine Autos. Welcher Wagen konnte Ende der 1980er- und Anfang der 1990er-Jahre besser zu einem Fußballstar in der italienischen Serie A passen als ein Ferrari Testarossa? Diego Armando Maradona († 2020), seit dem WM-Finale Argentinien gegen Deutschland (3:2) am 29. Juni 1986 in Mexiko-Stadt mit dem Deutschen befreundet, fuhr ihn ebenso wie der 2009 viel zu früh verstorbene »King of Pop«, Michael Jackson (»In the Closet«), und Schauspiel-Legende Sylvester Stallone in »Rocky IV – Der Kampf des Jahrhunderts«.

Maradona bestellte sich den Testarossa, benannt nach seinen in Rot lackierten Ventildeckeln, natürlich in Schwarz … 430.000 US-Dollar hatte »El Diego« für den Wagen bezahlt, dazu kamen 130.000 Dollar für die Umlackierung.

Den nicht geringer einzuschätzenden Ferrari Maranello fuhr Matthäus in seiner zweiten Schaffenszeit bei Bayern München zwischen 1992 und 2000. Er war silberfarben, Modell 550. Der Wagen, von 1996 bis 2001 in Modena in einer Stückzahl von nur 3.600 produziert, kommt auf eine Höchstgeschwindigkeit von 320 km/h. Das Bremssystem wurde ursprünglich für die Formel 1 verwendet.

Ein Auto wie gemalt für den uneingeschränkten King im Ring beim FC Bayern und in der Nationalmannschaft, dessen Machtfülle erst mit der EURO 1996 in England eingeschränkt wurde.

Matthäus spielte tatsächlich nicht in England. Dafür aber mit fast 40 Jahren noch einmal bei der erfolglosen EURO 2000 in Belgien und den Niederlanden. Das 0:3 gegen Portugals B-Mannschaft am 20. Juni 2000 in Rotterdam, mit dem das blamable Vorrunden-Aus einherging, war sein 150. und letztes Länderspiel. Trotz allem: Danke, Lothar!

Lothar Matthäus posiert am 25. Mai 2019 beim Berlin E-Prix auf dem Gelände des Tempelhof Airports mit dem Fahrzeug von Sébastien Buemi des Teama Nissan e.dams.

Das Glamour-Paar des deutschen Fußballs Mitte der 1990er-Jahre: Lothar und Lolita Matthäus auf Ferrari 348 TB...

Trainer in Brasilien: Lothar Matthäus bei Atlético Paranense mit einem Vertreter des zuständigen VW-Autohauses Servopa.

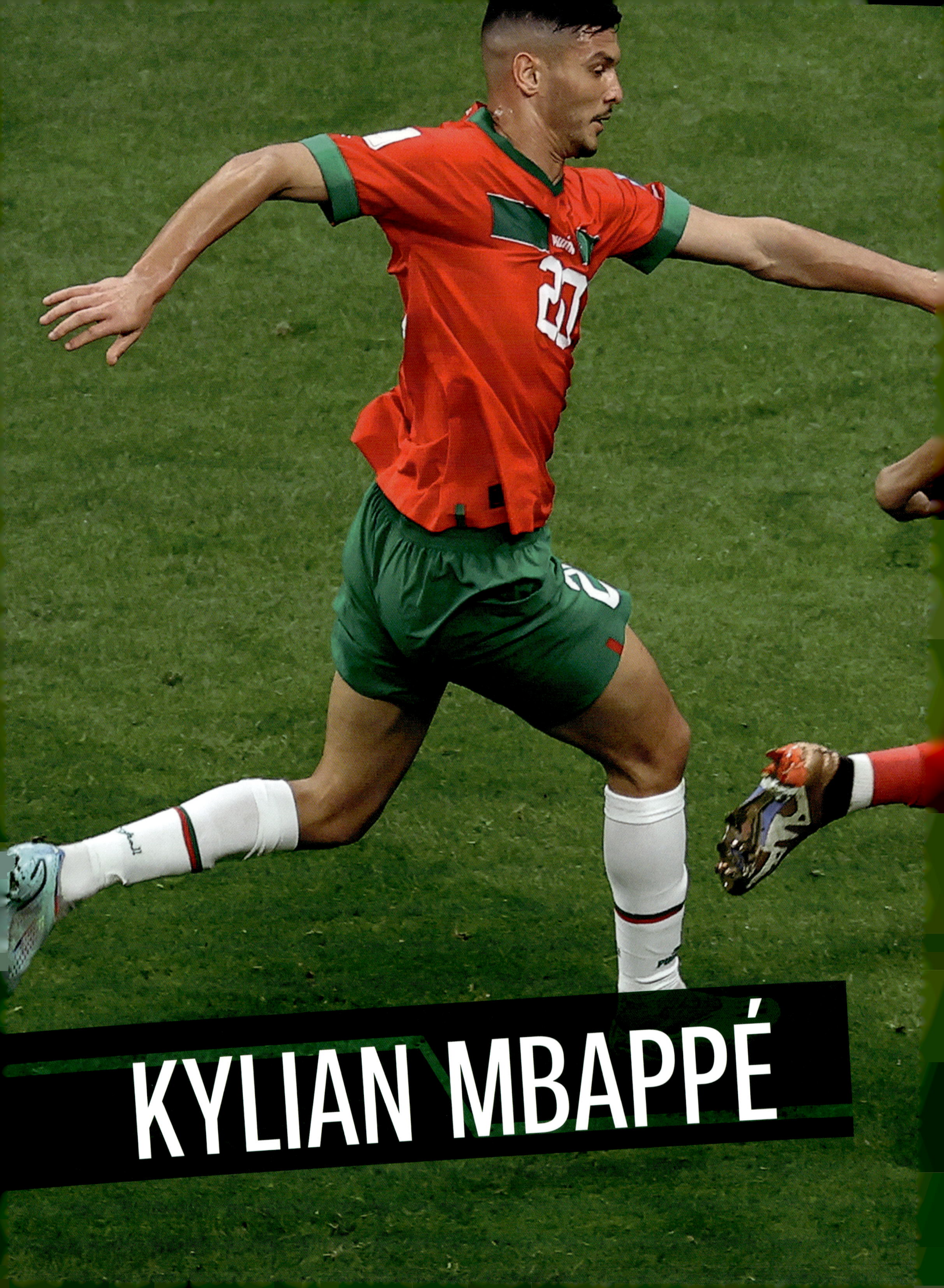

KYLIAN MBAPPÉ

Kylian Mbappé spielte bei der EURO 2024 in Deutschland mit einer Gesichtsmaske.

ERST SUPER-AUTO-FLOTTE, DANN »LICENCE FOR KYL«

Bei dieser Auto-Biografie können andere eigentlich den Laden zusammen »mbappen« – Frankreichs Weltmeister und WM-Torschützenkönig Kylian Mbappé besitzt eine Reihe hochpreisiger Autos, hatte aber bis zum Frühjahr 2026 nachweislich keinen Führerschein. Eine selbstironische Story, die zu dem lebenslustigen Star von Paris Saint Germain und Real Madrid passt.

Die gute Nachricht zuerst: Kylian Mbappé darf Auto fahren. Auch offiziell. Seit März 2026 besitzt der französische Ausnahmefußballer eine gültige Fahrerlaubnis. Mit 27 Jahren – und während einer Verletzungspause – holte Mbappé die Prüfung nach.

»Licence for Kyl«, schrieb das britische Boulevardblatt The Sun gewohnt kreativ in Anlehnung an »Licence to Kill« (Deutsch: Lizenz zum Töten, 1989, zweiter und letzter Film mit Timothy Dalton in der Titelrolle) aus der James Bond Filmreihe.

Sein »rapider Aufstieg im Fußball«, so berichteten spanische Medien am 4. März 2026, als Mbappé endlich die Fahrerlaubnis bekam, habe »dieses persönliche Ziel« lange verhindert.

Kylian Mbappé bei Ankunft zum Training mit Pressekonferenz der französischen Nationalmannschaft im INF Clairefontaine am 6. Oktober 2025 in Paris.

MBAPPÉ UND DIE »PAPPE«: FAHRSTUNDEN IM ATLÉTICO-BEZIRK

Das mutet unglaublich an: Kylian Mbappé – auf dem Platz mit seinem grandiosen Antritt und seinem präzisen Abschluss eigentlich fast immer im Fahrersitz – war auf der Straße lange nur Beifahrer. Über die Jahre kam er auf dem Trainingsgelände, dem PSG Campus in Poissy, 27 Kilometer westlich des Pariser Prinzenparkstadions gelegen, sowie bei Real Madrid in der neuen Ciudad Real Madrid in der Siedlung Valdebebas, wo sich die »Königlichen« seit 2005 vorbereiten, stets mit einem Chauffeur an.

Dabei hätte man auch früher darauf kommen können: Auf Fotos, auf denen Mbappé mit seinen Top-Autos zu sehen ist, steigt er häufig auf der Beifahrerseite ein oder aus.

Noch pikanter – und irgendwie typisch Mbappé: Der damals 27-jährige Weltmeister absolvierte seine Fahrstunden in einem Madrider Vorort, der in der Fußballkultur der Hauptstadt eher dem Stadt- und Erzrivalen Atlético Madrid zugeordnet wird.

Passanten und Anwohner der Fahrschule Autoescuela Lara in Alcorcón im Süden von Madrid staunten nicht schlecht, als der prominente Fahrschüler dort auftauchte.

»Niemand erwartet einen Fußball-Superstar, der den Gehsteig in den Außenbezirken von Alcorcón überquert und dann in ein Auto einsteigt, das so teuer ist wie die Felge seines brandneuen BMW i7«, schrieb die spanische Sportzeitung Marca über den Fahrschüler Mbappé.

> »NEIN. «
> KYLIAN MBAPPÉ AUF DIE FRAGE, OB ES IHN STÖRE, DASS SEIN GEHALT BEI PSG VON EINEM INVESTOR AUS KATAR BEZAHLT WIRD.

Ein Video zeigte zudem den weißen BMW i7 von Mbappé mit verpixeltem Nummernschild vor der Fahrschule.

An normalen Fahrunterricht war in Alcorcón danach kaum noch zu denken. Kylian Mbappé stattete vor den Fahrstunden sogar dem benachbarten Fischgeschäft einen Besuch ab, während bei der Fahrschule Dutzende Anrufe und Nachrichten eingingen. Viele Fans hinterließen Trikots mit dem Wunsch nach einer Signatur des Su-

Sein Debüt als Profi lieferte Mbappé 2015 für die AS Monaco. Hinten: David Luiz von Paris Saint-Germain.

Kylian Mbappé (l.) und Ousmane Dembélé nach einer Trainingseinheit der französischen Nationalmannschaft in Clairefontaine-en-Yvelines am 5. Juni 2018.

»Allez, Les Bleus!« – Kylian Mbappé vor einem VW Bus der französischen Nationalmannschaft im Trainingslager Clairefontaine zur Vorbereitung auf die EM 2024.

Ein BMW i7, wie ihn Mbappé von Real Madrid erhielt.

Kylian Mbappé trägt in der französischen Nationalmannschaft das berühmte Trikot mit der Rückennummer 10.

Gern mal auf dem Fahrrad unterwegs: Kylian Mbappé beim Nationalteam, im Trainingslager Clairefontaine im Mai 2019.

perstars.
Die Adresse der Fahrschule hatte sich Mbappé übrigens von Spielern des Stadtrivalen geben lassen, die ebenfalls dort ihren Führerschein machten.
Sein Fahrlehrer kommentierte das mit Humor: Obwohl er Atlético-Fan sei, habe Mbappé sich als äußerst freundlich erwiesen.
Jedenfalls darf der Real-Star seinen personalisierten BMW i7 nun selbst fahren – und hat Zugriff auf den Rest seiner respektablen Auto-Flotte.
Dazu gehört unter anderem ein Volkswagen Tiguan im Wert von rund 57.000 Euro, ein Dieselmodell mit etwa 16,6 Kilometern Reichweite pro Liter.

DIE MARKE KYLIAN MBAPPÉ – EINE ERFOLGSSTORY AUS BONDY

Die Geschichte hinter dem Superstar ist auch die Erfolgsgeschichte einer algerisch-französisch-kamerunischen Familie aus Bondy bei Paris.
Seine Mutter Fayza Lamari ist eine ehemalige Handballspielerin aus Algerien. Sein kamerunischer Vater Wilfrid Mbappé war Fußballer und später Jugendtrainer in Bondy.
Fayza Lamari hält die Zügel fest in der Hand. Sie agiert auch als Managerin ihrer Söhne Kylian und Ethan und verdient laut dem TV-Sender beIN Sports als Beraterin mehr als mehrere Profis von Real Madrid. Demnach kassiert sie kolportierte 4,5 Millionen Euro jährlich als Managerin und Repräsentantin ihres Sohnes.
Sechs Spieler verdienten in der Saison 2025/26 bei Real Madrid weniger als Lamari in ihrer Funktion als Mbappé-Beraterin. Stimmen diese Zahlen, so liegt die Business-Lady damit über den Gehältern von Brahim Díaz, Arda Güler, Fran García und Andriy Lunin sowie über denen der Talente Franco Mastantuono und Raúl Asencio.
Im System Mbappé kommt Fayza Lamari eine Schlüsselrolle zu. Sie hat nicht nur den Vertrag mit Real Madrid ausgehandelt, der ihrem Sohn ein Gehalt von geschätzt 30 Millionen Euro pro Jahr einbringt – Werbeverträge nicht eingerechnet.
Lamari war auch am Rechtsstreit mit Mbappés früherem Klub Paris Saint Germain über ausstehende Prämien in Höhe von rund 60 Millionen Euro beteiligt. Der Konflikt wurde im Februar 2026 zugunsten der Mbappé-Seite beendet.

UNSERE MBAPPÉS: EINE ERFOLGSSTORY AUS BONDY

Luca Caioli und Cyril Collot zeichneten 2023 mit dem Buch Mbap-

> »ICH HABE VIELE EINFACHE DINGE VERSÄUMT, DAZU GEHÖRT AUCH DER FÜHRERSCHEIN.«
> KYLIAN MBAPPÉ IN EINEM INTERVIEW

Kylian Mbappé am 12. November 2018 bei der Ankunft zur Vorbereitung auf die Nations-League-Partie gegen die Niederlande und das Testspiel gegen Uruguay.

Für jeden Spaß zu haben: Kylian Mbappé entsteigt bei der Nationalmannschaft aus dem Kofferraum.

Da ist sie: Die »Licence for Kyl«, der Führerschein des Kylian Mbappé, Frühjahr 2026.

pé – Die Biografie die Erfolgsgeschichte des Weltmeisters von 2018 nach.
Sie besuchten auch Elmire und Pierrot Ricles, ehemalige Nachbarn der Familie Mbappé in der Allée des Lilas 4 in Bondy. Auf dem Klingelschild steht dort noch immer »Lamari – Mbappé – Lottin«.
Im Kapitel »Die neue Attraktion« beschreiben die Autoren die Eltern so: Sie wirkten offen und charmant, seien aber zugleich sehr misstrauisch und sammelten möglichst viele Informationen, bevor sie Entscheidungen trafen.
Ob man dieser Darstellung glauben will oder nicht – ihr Geschäftssinn und ihr Gespür für den richtigen Transfer machten Kylian Mbappé Lottin zu einem der reichsten Fußballer der Welt.

EIN PERSONALISIERTER BMW BRINGT DIE WENDE

Gut bekannt ist vieles aus der Biografie Mbappés – bei seiner Auto-Biografie ist jedoch nicht alles bestätigt.
Sicher ist allerdings: Kurz vor seiner Fahrprüfung im März 2026 erhielt Mbappé ein neues Auto.
Es handelt sich um einen rein elektrischen BMW i7, Teil der Partnerschaft des Münchner Herstellers BMW mit Real Madrid.
Vor dem Trainingsgelände des Vereins präsentierte Mbappé stolz die neueste Perle seiner Sammlung – »The i7 Mbappé« stand auf dem provisorischen Nummernschild.
Mit über 5,4 Metern Länge gilt das Fahrzeug allerdings nicht unbedingt als klassisches Anfängerauto.
Während Mitspieler wie der ehemalige Dortmunder Jude Bellingham direkt einstiegen und losfahren durften, musste Mbappé lange nur zusehen.
Vielleicht war es tatsächlich Zeit, fahren zu lernen. In seiner Garage standen bereits ein Ferrari SF90, ein Lamborghini Aventador S Roadster und ein Mercedes AMG G63 – das ikonische 4×4-Kraftpaket des Stuttgarter Herstellers.

> **FAYZA LAMARI ZU MBAPPÉ:**
> **»MACH DEINEN FÜHRERSCHEIN. DANN BIST DU ZUMINDEST IM AUTO ALLEIN UND WIRST SEHEN, DASS ES GUT FÜR DICH IST, WENN DU EINE HALBE STUNDE FÜR DICH SELBST HAST – OHNE CHAUFFEUR UND OHNE SICHERHEITSMANN.«**

Das Prunkstück der Sammlung ist jedoch ein Ferrari 488 Pista. Der Neupreis liegt bei rund 600.000 Euro. Ein V8-Motor sorgt für 720 PS und eine Höchstgeschwindigkeit von etwa 340 km/h.
Dieses Auto besaß Mbappé bereits 2022, als er noch für Paris Saint-Germain spielte und zum Rekordtorschützen des Vereins wurde.

IMAGE CREDITS: IG/REALMADRID
DRIVING LICENCE

THE 17
Mbappé

Ein Traum in Rot: Der Ferrari 488 Pista Spider, wie ihn auch Kylian Mbappé besitzt.

JOSÉ MOURINHO

Die Welt-Trainer José Mourinho (l.) und Carlo Ancelotti coachten beide den FC Chelsea.

»THE SPECIAL ONE« UND SEINE AUTOS

»The Special One«, der Besondere. So nennt sich der portugiesische Star-Trainer José Mourinho selbst – und ohne jegliche Bescheidenheit. Wo »Mou« auftaucht, ist fußballerischer Erfolg. Mourinho ist ein detailbesessener Erfolgstrainer, aber er ist auch ein Auto-Sammler. Nur: Er fährt nicht überall...

Lissabon, 28. Januar 2026, letzter Spieltag der Champions-League-Ligaphase 2025/2026. Im riesigen Estadio da Luz prasselt der Regen. Benfica, der stolze portugiesische Rekordmeister, führt mit 3:2 gegen das große Real Madrid.

Der Haken daran: Es läuft bereits die achte Minute der Nachspielzeit – und mit diesem Ergebnis wären die Portugiesen aufgrund der um einen Treffer schlechteren Tordifferenz gegenüber Olympique Marseille auf Rang 25 der 36 Mannschaften umfassenden Tabelle und ausgeschieden.

José Mourinho, der erst wenige Monate zuvor nach Lissabon zurückgekehrt war, musste reagieren. Der Star-Trainer beorderte, nachdem er offenbar als Einziger bemerkt hatte, dass noch ein Tor gebraucht wird, den 1,99 m großen ukrainischen Torwart-Hünen Anatoliy Trubin lautstark nach vorn. »Keeper, go up!«, »Torwart, geh nach vorn«, rief Mourinho. Das ließ sich anhand der TV-Bilder ablesen.

Trubin befolgte den Rat des »Special One«. Alles andere konnte er sich eigentlich auch nicht erlauben. In solchen Fragen versteht der Exzentriker Mourinho keinen Spaß...
Es gab noch einmal einen Freistoß für Benfica von rechts. Aus dem Halbfeld kam der Ball per Freistoßflanke vom Norweger Fredrik Aursnes auf den Kopf von Trubin, und der Torhüter schädelte aus sechs Metern ein. 4:2, Benfica stand in den Achtelfinal-Playoffs, das Estadio da Luz war ein Tollhaus, und mittendrin im Jubel-Trubel hüpfte José Mourinho im Duett mit einem Balljungen.
»The Special One« hatte es nach einer titellosen Trainerstation bei Fenerbahce Istanbul (2024/2025) mal wieder allen gezeigt. In der allerletzten Spielphase traf er die richtige Entscheidung.
Der Autor hat José Mourinho im Juni 2013 in Leipzig persönlich getroffen und war von seiner Professionalität, aber auch von seiner Herzlichkeit beeindruckt.
Sein Eindruck: José Mourinho ist ein Trainer, für den Spieler durchs Feuer gehen – oder in diesem sehr speziellen Fall durch den strömenden Regen.

EIN FERRARI VON ABRAMOWITSCH

Am 18. September 2025 war das Wetter anders. In weißem Hemd und dunklem Sakko fuhr José Mourinho auf dem Benfica-Campus in Seixal auf der Südseite des Tejo standesgemäß zu seiner Vorstellung als Trainer des portugiesischen Rekordmeisters vor. Die anwesenden Journalisten und Benfica-Vereinspräsident Rui Costa (»Zum Glück hatten wir Glück.«) staunten. Mourinho kam bei sonnigem Spätsommerwetter in einem Auto, das ihm sein ehemaliger Chef Roman Abramowitsch einst als Abschiedsgeschenk zugestellt hatte.
Es war ein Ferrari 612 Scaglietti im Wert von umgerechnet 295.000 Euro. Dieses Modell wurde zum 60. Geburtstag der Edelschmiede

»Der Übersetzer«: José Mourinho (ganz rechts) als Assistenzcoach des großen Sir Bobby Robson (m.) beim FC Barcelona.

José Mourinho überzeugte auch als »Mechaniker« für Jaguar im Rahmen einer Werbekampagne des Premium-Herstellers.

im Jahr 2007 in einer Stückzahl von nur 60 Exemplaren gebaut. Mourinho hatte dem russischen Öl-Milliardär, der ihn fünf Monate später als Trainer des FC Chelsea entließ, mal beiläufig erzählt, dass er, so er sich denn ein Auto aussuchen dürfte, sich für diesen Viersitzer entscheiden würde. Nur ganz beiläufig.

Abramowitsch hatte offenbar gut zugehört – und schenkte Mourinho diesen Wagen. Keine schlechte Wahl: Jedes der 60 Exemplare fällt durch eine zweifarbige Lackierung sowie eine exklusive Lederausstattung, ein elektrochromatisches Glasdach und Embleme im Innenraum auf. Technisch entspricht der 612 Scaglietti Sessanta der Serie und kommt auf eine Spitzengeschwindigkeit von bis zu 315 km/h.

José Mourinho – fast überall, wo er in Europa als Coach arbeitete, brachte er seinen Klubs den Erfolg. Er machte den FC Porto 2003 zum UEFA-Pokal- und 2004 zum Champions-League-Sieger. Diese Titel riefen den russischen Geschäftsmann Roman Abramowitsch auf den Plan. Der Öl-Milliardär hatte den leckgeschlagenen Londoner Traditionsclub FC Chelsea zum 1. Juli 2003 gekauft.

Nach einem titellosen Jahr unter dem »Nearly Man«, dem italienischen Trainer-Gentleman Claudio Ranieri, traf sich Abramowitsch im Frühjahr 2004 auf einer seiner Yachten vor Monaco mit José Mourinho – und verpflichtete ihn.

Die letzte Ausfahrt: José Mourinho verlässt nach seiner Entlassung beim FC Chelsea am 20. September 2007 das Trainingsgelände von Cobham.

Im Clinch mit den Schiedsrichtern: »The Special One« steht auch für das pure Temperament am Spielfeldrand...

Einen solchen Aston Martin Rapide fuhr auch José Mourinho.

Bei seiner Ankunft in London im Juni 2004 gab sich Mourinho als neuer Trainer des FC Chelsea praktisch selbst den Beinamen »The Special One«.
»Please don't call me arrogant, but I'm European champion and I think I'm a special one« (»Bitte nennen Sie mich nicht arrogant, aber ich bin Champions-League-Sieger und, ich denke, jemand Besonderes.«), sagte Mourinho damals in London.
Besonders vor allem im Umgang mit Star-Spielern. José Mourinho spricht sechs Sprachen und fordert von seinen Spielern unbedingte Disziplin ein.
Der Trainer-High-Flyer führte das mit den Öl-Milliarden des Roman Abramowitsch aufgerüstete Ensemble aus dem Londoner Südwesten als neuer Coach in die Weltspitze – nach 50 Jahren ohne nationalen Meistertitel schafften es »The Blues« 2005 und 2006 unter seiner Regie, die englische Premier League zu gewinnen.

LEGENDÄRE TAXIFAHRT

Bevor Chelsea mit den Granden um Frank Lampard, John Terry, Petr Cech und dem deutschen Profi Robert Huth am 30. April 2005 mit einem 2:0 bei den Bolton Wanderers im Reebok Stadium den historischen Titelgewinn klarmachen konnte – der Autor schrieb dieses Spiel damals für t-online.de –, mussten die Londoner aber in der Champions League am FC Bayern München vorbei.

Das Viertelfinal-Rückspiel am 12. April 2005 war das letzte Europapokal-Spiel im Münchner Olympiastadion. Auch dieses Mal war der Autor an den Tasten. Er berichtete nicht nur vom letzten Endes wertlosen 3:2-Erfolg des FC Bayern, sondern auch von einer irren Aktion von José Mourinho.
Der Chelsea-Coach hatte sich mal wieder eine Sperre eingehandelt und durfte rund um das Spiel keinen Kontakt zu seiner Mannschaft haben. Kein Problem für »The Special One«! Mourinho schleuste sich in einem fahrbaren Wäschecontainer in die Katakomben des Olympiastadions – und fuhr kurz nach Spielende in einem Taxi davon. Ein Schelmenstück, von dem »die Taxler« in München bis heute erzählen.
Der geschenkte Ferrari von Abramowitsch – mit diesem Wagen wurde Mourinho aber nicht nur in Lissabon gesehen und von den Fotografen abgeschossen.
Den seltenen Sportwagen fuhr er auch in seiner Zeit als Trainer von Inter Mailand, wo er von 2008 bis 2010 wirkte.
Mit den »Nerazzurri« gewann er 2009/2010 das historische Triple, bestehend aus italienischer Meisterschaft (Scudetto), Coppa Italia und Champions League.
Mourinhos Mannschaft gewann die »Königsklasse« durch zwei Tore des Argentiniers Diego Milito im Finale von Madrid gegen den deut-

RAPIDE
1 AML

José Mourinho an der Seitenlinie - immer auch ein bisschen Show...

Der Aston Martin Rapide wurde von 2010 bis 2020 gebaut. Das Modell kombiniert das Design eines klassischen Gran Turismo mit einem V12-Motor und Platz für vier Personen.

schen Rekordmeister FC Bayern München mit 2:0. Es war das letzte Spiel des »Special One« für den italienischen Giganten. Mourinho wechselte anschließend zu Real Madrid. Erwartbar.
Eine Randnotiz: Bevor der Inter-Mannschaftsbus abfuhr, sah man Mourinho an einer Straßenecke am Finalstadion Estadio Santiago Bernabéu. Er weinte.

AUF DIE »BESTE, BESTE, BESTE SAISON« FOLGT EIN ASTON MARTIN

»2010 war die beste, beste, beste Saison meiner Karriere«, blickte Mourinho im Mai 2023 in der britischen Zeitung The Sun zurück, »und ich habe mir ein Auto gekauft. Einen Aston Martin Rapide. Als ich ihn kaufte, sagte ich zu meinem Sohn und zu meiner Tochter: Der ist nicht zu verkaufen, den müsst ihr für immer behalten.«
Der Aston Martin Rapide ist das Prunkstück unter den »Special Cars« des »Special One«. Zwischen 2009 und 2012 bei Magna Steyr im österreichischen Graz produziert und dann nach Gaydon in England verlagert, erhoffte man sich beim britischen Traditions-Autobauer Aston Martin einen jährlichen Abverkauf von 2.000 Modellen.

José Mourinho steigt 2012 bei Real Madrid in seinen neuen Dienstwagen des Typs Audi A8 ein.

Der Basispreis für diese Limousine aus der Oberklasse, die mit einem handmontierten V12-Motor eine Leistung von 477 PS verbuchen kann und 2013 auch als Rennversion bei den 24 Stunden am Nürburgring zu bewundern war, beträgt 180.000 Euro.
Bevor »The Special One« sich selbst so nannte und ehe er mit dem FC Porto, Inter Mailand und der AS Rom (Europa Conference League 2022, Final-Premiere gegen Feyenoord Rotterdam in Tirana) sowie zuvor als Assistenztrainer von Sir Bobby Robson 1997 mit dem FC Barcelona im Cup der Pokalsieger als einziger Trainer alle Europacupwettbewerbe gewann, fuhr Mourinho ganz andere Autos.

»ICH HABE NIE GESAGT, DASS ICH DER BESTE BIN. ICH HABE NUR GESAGT, DASS ICH KEINEN BESSEREN KENNE.«
JOSÉ MOURINHO

Sein erster Wagen war ein Renault R5, den ihm sein Vater, José Félix Mourinho Senior († 2017), selbst Fußballprofi und zweifacher Pokalsieger in Portugal mit Vitória Setúbal, gekauft hatte.
Es war ein Klassiker unter den Studentenautos. Die Franzosen verkauften den R5 zwischen 1972 und 1996 mehr als neun Millionen Mal.
Allein in der zweiten Generation lief er 5,5 Millionen Mal vom Band. »Mein Vater hat mir den Renault R5 gekauft, als ich 18 war. Der Wagen war silberfarben, ich hatte gerade meinen Führerschein«, erzählte Mourinho später, »ich studierte an der Universität in Lissabon, war nicht weit von zu Hause weg.«
Zurück kam Mourinho als Sportwissenschaftler, mit einem Abschluss summa cum laude: Zeit für ein neues Auto: Ein Honda Civic wurde zum ersten Wagen, den sich José Mourinho selbst leistete. Beinahe wäre 1996 ein Suzuki Vitara das letzte Auto des José Mourinho geworden.

»ICH HABE GLÜCK GEHABT«

In Barcelona sollte er zur Vertragsunterzeichnung mit Bobby Robson kommen, doch der junge Assistenztrainer war zu spät dran und leistete sich am Steuer einen fast fatalen Sekundenschlaf. Bei einem Aufprall brach sich Mourinho mehrere Rippen und trug Kopfverletzungen davon, die genäht werden mussten. Der Suzuki hatte einen wirtschaftlichen Totalschaden.

Mourinho im »geschenkten« Ferrari – der Ferrari 612 Scaglietti hatte einen Wert von umgerechnet 295.000 Euro.

»Ich habe wirklich Glück gehabt«, sagte der Star-Trainer Jahre später über diesen Crash in dem japanischen Kraftpaket, das bis 1998 produziert wurde und auch als Cabrio erhältlich war.

Ein lange gehütetes Auto-Geheimnis des José M. aus L. stammt jedoch aus seiner Zeit als Fußballprofi: »Lange bevor der Coach von Manchester United zu einem der berühmtesten und erfolgreichsten Trainer der Welt wurde, bewies er bei einer dramatischen Rettungsaktion unglaublichen Mut«, berichtete der Daily Mirror im März 2018, als »Mou« Trainer des englischen Co-Rekordmeisters Manchester United war.

Mourinho kam nach dem Training mit seinem Klub Comércio e Indústria in Setúbal, für den er 27-mal als zentraler Mittelfeldspieler auflief, gerade vom Mittagessen, als sein angolanischer Teamkollege Dé seinen FIAT starten wollte.

Beim Betätigen der Zündung explodierte der Motor des italienischen Wagens. Mourinho zog seinen Mitspieler geistesgegenwärtig und ohne Rücksicht auf seine eigene Sicherheit aus dem brennenden Auto.

»Es ging ihm nicht um Stolz«, berichtet der damalige Klub-Pressesprecher Eladio Paredes, »er war nur froh, dass er seinen Mitspieler retten konnte.«

TRAINER-ANSPRACHE FÜR DIE JAGUAR-MECHANIKER

In seiner Zeit bei Manchester United – mit der Europa League 2017 in Stockholm holte der Portugiese den bis heute letzten internationalen Titel mit den »Red Devils« – agierte Mourinho auch als Markenbotschafter von Jaguar.

Der Star-Coach wurde dabei zum 100.000. Kunden eines Jaguar F-PACE, kein anderes Modell der Land-Rover-Tochter hatte diese Zahl an neu gebauten Fahrzeugen jemals so schnell erreicht.

Mit einem Grundpreis von 43.560 Euro kam der F-PACE mit großer Fahrdynamik und hoher Alltagstauglichkeit daher, wobei die Designer beim F-TYPE durch die bahnbrechende Jaguar-Konzeptstudie C-X17 mit geräumiger und luxuriöser Kabine sowie einem 650 Liter großen Kofferraum inspiriert wurden. Dazu kamen Versionen mit Allradantrieb, zusätzlich verstärkt durch weitere elektronische Traktionshilfen wie Adaptive Surface Response. Der F-PACE wurde World Car of the Year und World Car Design of the Year 2017. Mit ihm gewann Jaguar erstmals den Hauptpreis und zugleich, als erst

Als Trainer führte der Exzentriker José Mourinho den FC Porto zu zwei Europapokal-Titeln. Hier steht er am 8. März 2026 beim Liga-Duell zwischen Benfica und Porto mit Pepe an der Seitenlinie im Estádio da Luz in Lissabon.

zweite Marke, beide Auszeichnungen im selben Jahr.
Auch online war dieses Mourinho-Auto ein Hit: In den ersten sechs Monaten nach der Vorstellung klickten 3,6 Millionen Besucher F-PACE-Inhalte auf der Jaguar-Website an. Zur Installation der neuen F-PACE-Linie in Solihull investierte Jaguar Land Rover 127 Millionen Pfund (141 Millionen Euro). Im Rahmen der Jaguar-F-PACE-

»ALS ICH DEN WAGEN KAUFTE, SAGTE ICH ZU MEINEM SOHN UND ZU MEINER TOCHTER: DER IST NICHT ZU VERKAUFEN, DEN MÜSST IHR FÜR IMMER BEHALTEN.«
JOSÉ MOURINHO ÜBER SEINEN ASTON MARTIN RAPIDE

Montage gingen Aufträge in Höhe von 5,0 Milliarden Pfund (über 5,5 Milliarden Euro) an einheimische Zulieferer. Der F-PACE ist eine von sechs in Solihull gefertigten Baureihen. Jeden Tag lieferten rund 700 Zulieferer 13,5 Millionen Teile an – das macht 3,1 Milliarden Teile im Jahr.
Für Mourinhos Besuch im November 2017 in Solihull ließ man sich etwas Besonderes einfallen – passend zum »Special One«. Mourinho machte in einem Video augenzwinkernd eine Ansprache an die Jaguar-Mechaniker. »Heute ist ein wichtiger Tag für uns, wir haben einen Job zu tun, und jeder muss 100 Prozent geben, ihr seid ein gutes Team«, sagte er in dem Clip, ehe er sich in voller Werksmontur in die Montagehalle begab und »seinem« Team am Montageband assistierte.

»IN ENGLAND FAHRE ICH NICHT GERNE AUTO«

»Bei einem Auto«, sagt Mourinho über seine Fahrzeugauswahl, »schaue ich mehr auf Qualität denn auf oberflächlichen Glanz.« Nach drei Trainerstationen in England – Chelsea, Manchester United und Tottenham Hotspur – war José Mourinho im Spätsommer 2025 zurück in Portugal. »Ich genieße es, in Portugal zu fahren«, verriet er 2023 gegenüber THE SUN, »aber es langweilt mich, in England zu fahren. Deshalb habe ich dort einen Chauffeur, damit ich telefonieren kann oder mir einen Film anschauen kann. Ich fahre nicht gern Auto in England, weil ich mich zu sehr konzentrieren muss, auf der anderen Seite der Straße zu fahren.«

MARCO REUS

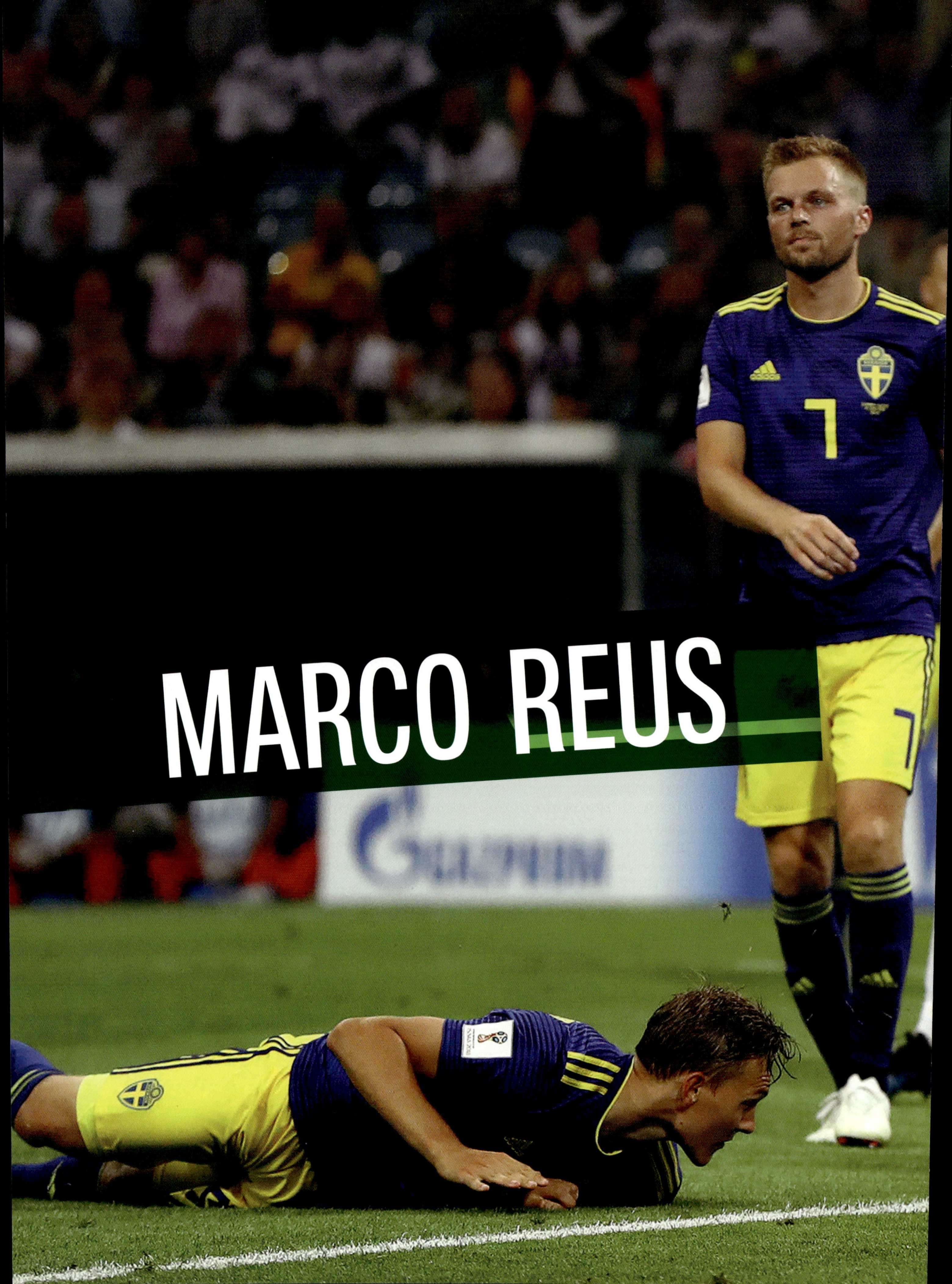

»FAHR AN EINEM ANDEREN TAG«

Marco Reus ist unbestritten ein Idol des BVB. Rekordschütze von Borussia Dortmund im Profifußball, DFB-Pokalsieger, zweifacher Champions-League-Finalist, Publikumsliebling mit dem Ruf einer tragischen Figur. Hochpreisige Autos gehörten beim gebürtigen Dortmunder zum Programm. Doch die Reus-Auto-Biografie hatte lange einen entscheidenden Schönheitsfehler.

Bereit wie nie. Mit einem sehr langen zeitlichen Abstand wird dieser Slogan von Nationalmannschafts-Autopartner Mercedes-Benz aus dem Jahr 2014 für Marco Reus noch wehmütiger. Damals sah man den DFB-Nationalspieler im Trikot vor einer weißen Mercedes-Benz-Limousine.

Ja, vermutlich war Marco Reus 2014 »bereit wie nie«. Seine Leistungsdaten lassen diesen Schluss zu. In 30 Bundesliga-Spielen hatte er für Borussia Dortmund als Vizemeister 30 Torbeteiligungen geliefert (16 Tore). Nur drei Spieler – der Schweizer Josip Drmic vom 1. FC Nürnberg, Mario Mandzukic vom FC Bayern München und sein BVB-Teamkollege Robert Lewandowski – waren treffsicherer.

AUTO-WERBE-IKONE OHNE FÜHRERSCHEIN

Die Länderspiel-Saison 2013/2014 schloss der Offensiv-Allrounder Marco Reus mit sechs Einsätzen ab.

Er war für die Weltmeisterschaft in Brasilien nominiert. Doch dann kam dieser für ihn so unglückselige 6. Juni 2014 in Mainz. Beim 6:1 gegen Armenien im letzten Testspiel vor der Abreise nach Südamerika zog sich Reus einen Syndesmose-Bandriss zu – und fiel für die WM aus.

Nur 2018 in Russland, als die deutsche Mannschaft als Titelverteidiger in der Vorrunde scheiterte, sah man ihn bei einer Weltmeisterschaft. Marco Reus erzielte damals das einzige DFB-Tor

Marco Reus als Jungprofi bei LR Ahlen im Jahr 2008.

Zwei DFB-Hoffnungsträger, die nie Weltmeister wurden: Marko Marin und Marco Reus während eines U21-Länderspiels.

Marco Reus warb vor der WM 2014 für Mercedes-Benz und war »bereit wie nie«… zur WM fiel er dann verletzungsbedingt aus.

Reus vor einem historischen W111 Coupé während eines Pressetermins im Mercedes-Benz-Museum in Stuttgart, im August 2011.

aus dem laufenden Spiel heraus – beim 2:1 gegen Schweden in Sotschi.

Dass sein Dortmunder Nationalmannschaftskollege Mario Götze nach dem Titelgewinn am 13. Juli 2014 in Rio de Janeiro nach dem durch ihn sichergestellten 1:0-Erfolg (n. V.) gegen Argentinien Reus' Trikot mit aufs Siegerfoto nahm, war eine große Geste für den Verletzten. Aber sicher kein Trost.

Ja, Marco Reus war 2014 – wie die deutsche Nationalmannschaft in Brasilien – »bereit wie nie«. Was aber weder beim Mercedes-Fotoshooting noch danach jemand wusste: Formaljuristisch war Reus bis dahin »nie bereit«, um Auto fahren zu dürfen.

Der gebürtige Dortmunder und BVB-Publikumsliebling, der – wie der Autor 2015 bei einem Interview mit ihm im Anschluss an ein Europa-League-Spiel feststellen konnte – ein Klartexter ist, besaß lange keinen Führerschein.

»AUTO-NARR« REUS FUHR MIT SCHUMI UND ROSBERG

Als Beifahrer des späteren Formel-1-Weltmeisters Nico Rosberg sowie von Rekord-Formel-1-Weltmeister Michael Schumacher bei einem Mercedes-Termin der Nationalmannschaft im Mai 2012 in Tourrettes (Frankreich) mit der neuen A-Klasse der Stuttgarter wurde Reus als »Autonarr« (AUTO BILD) bezeichnet.

Marco Reus in einem personalisierten Opel und dennoch ohne Führerschein – das konnte sich angesichts solcher Bilder in der deutschen Fußball-Öffentlichkeit niemand vorstellen.

Bis zum Dezember 2014. Da erhielt er einen Strafbefehl der Staatsanwaltschaft Dortmund wegen sechsmaligen Fahrens ohne Führerschein. Die niederländische Fahrerlaubnis, die Reus den Beamten vorlegte, war gefälscht …

Reus war fünfmal geblitzt worden und einmal in eine Polizeikontrolle geraten. Diese Fälle datierten aus den Jahren 2011 bis 2014, und Reus musste eine Geldstrafe von 90 Tagessätzen, also 540.000 Euro, zahlen. Er gilt damit nicht als vorbestraft.

Der Fußballstar wurde in Düsseldorf in seinem Aston Martin Vanquish (2013) erwischt. Dieser 573 PS starke Sportwagen wurde allein 2014 in Deutschland 61-mal zugelassen.

MARCO REUS IM ASTON MARTIN: »FAHR AN EINEM ANDEREN TAG!«

Es ist ein Auto, das nicht ohne Promi-Faktor daherkommt – nicht nur wegen Marco Reus.

Marco Reus fährt mit Mario Götze in seinem Land Rover 2013 auf dem Dortmunder Trainingsgelände vor – da hatte er noch gar keinen Führerschein.

Marco Reus, im Bild gegen 1860 München, machte für LR/Rot-Weiß Ahlen in 43 Spielen fünf Tore.

Marco Reus bei einem Besuch des Charlotte Motor Speedway während der US-Tour von Borussia Dortmund am 21. Juli 2018 – inklusive Testfahrten im NASCAR-Wagen.

Denn mit diesem Boliden, der einen V12-Motor hat und auf einen Basispreis von 265.000 Euro kommt, war auch Schauspieler Pierce Brosnan als »James Bond 007« in »Stirb an einem anderen Tag« (Originaltitel: »Die Another Day«, 2002, Titelsong von Madonna) unterwegs.
Was über Reus' Routen ohne Führerschein bekannt ist: dass er in der Carbon Edition fotografiert wurde. In dieser wurde der Vanquish auf dem Autosalon in Paris vorgestellt.
Schon die Grundversion ist definitiv ein Traumauto: Das 6-Liter-Triebwerk im Vanquish leistet maximal 573 PS und 620 Nm Drehmoment, in der Sonderedition sind es 576 PS. Übertragen wird die Kraft über eine 6-Gang-Automatik an die Hinterachse. Die Carbon Edition dagegen verfügt über eine Achtgang-Automatik namens Touchtronic III.
»Ich habe mich damals leider dafür entschieden, diesen Weg zu gehen«, gestand Marco Reus in einem BILD-Interview, nachdem er überführt worden war, »die Gründe kann ich heute selbst nicht mehr nachvollziehen.«
Marco Reus fand schnell zurück in die Spur – und machte im August 2016 die Führerscheinprüfung. »Ich bin froh, dass das Kapitel damit abgeschlossen ist«, kommentierte Reus dieses für sich und seinen Umgang mit Autos so wichtige Ereignis.
Nun konnte das Kapitel »Rolls Reus« beim BVB so richtig anrollen. Der Dortmund-Star durfte nun das Auto, das er bewarb – einen Opel Adam 1909 vom BVB-Autopartner – endlich auch fahren, ohne mit Konsequenzen rechnen zu müssen …
Der Opel Adam »powered by Marco Reus« wurde 2012 zum 150-jährigen Firmenjubiläum des Rüsselsheimer Traditions-Autobauers auf den Markt gebracht. Bis 2019 wurde der Kleinwagen im Werk Eisenach produziert. Aber: Er konnte nicht mit den Verkaufszahlen seines Vorgängers Corsa E mithalten – und erhielt deswegen auch keinen Nachfolger. Leistungstechnisch kam der Adam, dessen Markenzeichen ein farblich abgesetztes Dach war, auf 70 bis 100 PS.

Marco Reus – trotz vieler verletzungsbedingter Rückschläge reifte der Verkehrssünder in Dortmund zum Führungsspieler und wurde mit 170 Treffern aus 429 Spielen in allen Wettbewerben zum Rekordschützen des BVB im Profifußball.

Nur der von Legenden umwitterte Alfred »Adi« Preißler († 2003 / »Grau ist alle Theorie, wichtich' is auffem Platz«), der seine Karriere 1959 und lange vor Beginn der Bundesliga-Ära beendete, war mit 177 Toren noch erfolgreicher als Reus.

Für Reus galt: »Wichtich is im Auto« – Am 2. April 2019 sah man ihn nach der Geburt seines ersten Kindes in einem weißen Mercedes-Benz-SUV auf dem BVB-Trainingsgelände vorfahren.

Reus erstmals Papa – das ging wie bei der Führerschein-Affäre auch nicht ohne Spott ab. Sein BVB- und Nationalmannschaftskollege Kevin Großkreutz schrieb dazu bei Instagram: »Glückwunsch, Bro! Endlich hat die Pistole mal funktioniert.«

»WENN DU SEINE QUALITÄT NICHT SIEHST, DANN DU BIST BLIND!«
BVB-TRAINER MONSIEUR LUCIEN FAVRE ÜBER MARCO REUS.

»ROLLS REUS« WAR NIE AUF MEISTER-KORSO

Marco Reus hat mit Borussia Dortmund fünf Titel (zweimal DFB-

»I WISH LUCK TO LEWA AND GÖTZE, BUT BAYERN WILL NEVER HAVE ME. MONEY IS NOT EVERYTHING.«
MARCO REUS VERSUCHT ES IM DAILY MIRROR NACH DEN TRANSFERS VON MARIO GÖTZE UND ROBERT LEWANDOWSKI ZUM FC BAYERN MÜNCHEN AUF ENGLISCH…

Pokalsieger: 2017 und 2021) gewonnen, stand mit dem Revierklub 2013 und 2024 im Champions-League-Finale und war zweimal (2012 und 2019) »Fußballer des Jahres« in Deutschland.
Dennoch gehört er als »unvollendetes Genie« zu dem Kreis verdienter deutscher Nationalspieler, die nie Deutscher Meister wurden – wie Ulf Kirsten, Andreas Köpke, Pierre Littbarski, Hansi Müller oder Rudi Völler. 2019 konnten der BVB und Reus im letzten Spiel in Mönchengladbach (2:0) den Serien- und Rekordmeister FC Bayern, der sein Heimspiel gegen Eintracht Frankfurt 5:1 gewann und zuvor sieben Punkte Rückstand aufgeholt hatte, nicht mehr von Platz eins verdrängen.
»Bayern braucht Augsburg, Bayern braucht Mainz – sonst fährt Süle über den Borsigplatz zum Bierkönig«, so hatte Sky-Reporter Wolff-Christoph Fuß es nach dem 1:3-Patzer von Titelkonkurrent Bayern München gegen RB Leipzig am 33. Spieltag formuliert.
Die eigentlich schon eingeplante, von Abwehrspieler Niklas »Big Nik« Süle angekündigte Meisterfahrt – mutmaßlich im MAN-Truck (wie in den Jahren 2011 und 2012, als Reus noch bei Borussia Mönchengladbach spielte) – zum Dortmunder Borsigplatz fiel 2023 aus. Borussia Dortmund warf die sicher geglaubte Deutsche Meisterschaft am letzten Spieltag gegen Mainz 05 (2:2) regelrecht weg und ließ Bayern München noch überholen.
Der Autor war damals in Dortmund dabei und wurde Zeuge von hochemotional-dramatischen Szenen – und gespenstischer Stille im vollen Westfalenstadion.
Aber: Er kommentierte am 30. April 2011 auch den wohl wildesten Meisterritt eines Bundesliga-Spielers aller Zeiten: BVB-Abwehrchef Neven Subotic mit nacktem Oberkörper nach dem 2:0-Meisterstück gegen Nürnberg im Dortmunder Kreuzviertel auf dem Dach seines dunkelgrauen Mazda RX-8-Sportwagens – ein Klick-Hit und absoluter Kult.
So kann man mit einem 231 PS starken Auto, das mit dem preisgekrönten RX-Motor ausgestattet ist, auch mal feiern. Der von BVB-Meistertrainer und Opel-Werbeträger Jürgen Klopp entdeckte Serbe: »Ich habe den Lamborghini bewusst zu Hause gelassen, um volksnäher zu feiern.«

Marco Reus jubelt über seinen Treffer zum 1:1 im WM-Gruppenspiel gegen Schweden am 23. Juni 2018 in Sotschi.

DEZEMBER 2014: MARCO REUS OHNE FÜHRERSCHEIN – REAKTIONEN AUS DEM NETZ

»REUS IST JETZT IMMOBILE« (SCHÖNER VERGLEICH ZUM ERFOLGLOSEN BVB-TRANSFER CIRO IMMOBILE).
»WENN ER NOCH MAL ERWISCHT WIRD, DARF ER NICHT MAL MEHR MIT HUCKLEBERRY FINN AUF DEM FLOSS FAHREN.« FUSSBALLSTAR ANSGAR BRINKMANN
»AUF EINEN SCHLAG MEHR PUNKTE HOLEN ALS DER VEREIN IN DER GANZEN VORRUNDE – DER TEUFELSKERL!« (BORUSSIA DORTMUND STAND 2014/2015 ZWISCHENZEITLICH IM ABSTIEGSKAMPF DER BUNDESLIGA).

»PER ANHALTER ZU DEN GALAKTISCHEN?«

»ROLLS REUS«

Ankunft vor dem letzten Spiel des Marco Reus für den BVB: Vorm Champions-League-Finale am 1. Juni 2024 in Wembley sieht man Reus und BVB-Marketingdirektor Carsten Cramer in London.

Ein Aston Martin Vanquish in elegantem Schwarz, wie ihn sich auch Reus leistete.

BORSIG GRILL
TÜRKISCHE SPEZIALITÄTEN
BORSIG GRILL
Sieger fahren MAN
Sieger fahren MAN
MAN
Borsigplatz
EVONIK
KRAFT FÜR NEUES
PUMA
BERLIN. BORUSSIA.
FEUERWEHR
DORTMUND
POLIZEI
Echte Liebe.

Der BVB-Pokalsieger-Truck bahnt sich 2017 den Weg zum Dortmunder Borsigplatz – mitten drin: Marco Reus.

Der Opel ,Adam in kam in einer exklusiven, schwarz-gelben BVB-Edition. Ein Exemplar wurde vom gesamten Team signiert.

CRISTIANO RONALDO

AUTO-PRUNK AM GOLF

Fußballstar Cristiano Ronaldo hat seinen gigantischen Fuhrpark nach seinem Wechsel zu Al-Nassr in Saudi-Arabien noch einmal erweitert. Doch ein neuer Krieg im Nahen Osten ließ 2026 die stets unbescheiden und freizügig präsentierte Glamour-Auto-Welt des Portugiesen am Persischen Golf wackeln. Die 750-Crore-Privatmaschine von Cristiano Ronaldo hob am 3. März 2026 von Riad aus in Richtung Spanien ab. Aber: Saßen der portugiesische Fußballstar und seine Familie wirklich in dieser Maschine?

Durch den Angriff der USA und Israels auf die islamische Republik Iran ab dem 28. Februar 2026 hatte sich die Lage am Persischen Golf binnen Stunden verschärft. Der Iran griff wenig später mit Raketen und militärischen Drohnen in Vergeltungsaktionen an, unter anderem wurden die US-Botschaften in der saudi-arabischen Hauptstadt Riad und in Doha, der Hauptstadt des WM-Gastgebers 2022 in Katar, attackiert. Die Sicherheits-

Cristiano Ronaldo bei der Premiere der Dokumentation »Cristiano Ronaldo Al Limite« 2011 in Madrid vor seinem Audi-TT-Dienstwagen der Madrilenen.

bedenken um die in der Region ansässigen Fußballstars wie den in Katar spielenden deutschen Weltmeister Julian Draxler, Karim Benzema von Al-Hilal (Saudi-Arabien) oder Cristiano Ronaldo wuchsen.

CR7 also auf der Flucht vor einem neuen Konflikt in der Golf-Region? Das war anfangs, wie immer, wenn sich die Ereignisse überschlagen, nebulös. »Wer alles an Bord des Bombardier Global Express XRS, den sich Ronaldo 2024 für 72 Millionen Euro gekauft hat«, so die Wiener Kronen-Zeitung am 4. März 2026, »war lange nicht klar.«

Wenig später stellte sich heraus: Der Portugiese blieb (vorerst) in der Golfregion.

Dort hatte es sich der Rekord-Torschütze von Real Madrid und der portugiesischen Nationalmannschaft (»Selecao«) in Saudi-Arabien gemütlich gemacht. Ende Juni 2025 gab der als exzentrisch beschriebene Stürmerstar bei gulfnews.com Einblicke in seinen luxuriösen Lebensstil.

CRISTIANO RONALDO UND DIE 40 AUTOS

Ronaldo residierte bei Drucklegung dieses Buches in Riad mit seiner Frau und fünf Kindern im Hotel »Vier Jahreszeiten« in der 48. und 50. Etage. Die Suite der Familie Ronaldo dos Santos Aveiro umfasste u. a. ein Wohnzimmer, Kino, Esszimmer und zwei Bäder, Panorama-Blick über die saudi-arabische Hauptstadt inklusive, versteht sich.

Zudem besitzt Cristiano Ronaldo in Dubai, genauer gesagt in Jumeirah Bay, noch ein Luxus-Anwesen im Wert von kolportierten 30 Millionen US-Dollar.

Dazu kommen Wohnsitze auf der Insel Madeira, wo er am 5. Februar 1985 geboren wurde, in Lissabon, Turin, in La Finca Villa bei Madrid – Wohnwert: rund sieben Millionen US-Dollar – und in Cheshire in England.
Den oft zitierten Spruch »Als ich sieben war, sagte ich meinem Vater, ich wolle ein Haus wie Michael Jackson haben. Und dann sagte er zu mir, dass Träume nur Träume seien, das sei ein Privileg der Reichen. Ich bin traurig, dass mein Vater das nicht sehen kann und das, was ich in meinem Leben erreicht habe«, hatte der aus Madeira stammende Fußballprofi schon auf seiner ersten Auslandsstation, bei Manchester United 2003 bis 2009, verwirklicht.

RONALDOS ERSTES AUTO KAM AUS DEUTSCHLAND

Schon damals galt Ronaldo als passionierter Autofahrer.
Sein erstes Auto in Manchester war ein schwarzer Audi S3. Das berichtete die spanische Sportzeitung Marca im Jahr 2022: »Er kaufte das Auto mit 19 Jahren.«
Ein Foto von CR7 am Steuer dieses Wagens, der zur ersten Generation von kompakten Sportautos gehörte, findet sich im riesigen Ronaldo-Auto-Fotoarchiv nicht.
Der Wagen kam auf eine Motorleistung von 210 PS und war seit 1999 auf dem Markt. Zu den zahlreichen Extras, u. a. Recaro-Ledersitze, ließ sich der portugiesische Youngster noch einen CD-Wechsler für sechs Compact Discs einbauen. Aber gut, das waren die 2000er …
Sein Wechsel nach Saudi-Arabien im Anschluss an die für ihn enttäuschende Weltmeisterschaft 2022 im Golfstaat Katar, als er mit Portugal im Viertelfinale am nordafrikanischen Außenseiter Marokko (0:1) scheiterte, und dann als der neben dem Argentinier Lionel Messi (seit 2023 bei David Beckhams Fußball-Franchise Inter Miami FC) prominenteste Spieler der Welt aus der Vereinslosigkeit in die aufstrebende und um Weltgeltung bemühte Saudi Pro League zu Al-Nassr wechselte, schrieb auch ein neues Kapitel seiner Auto-Biografie.

Von der Vereinslosigkeit in die Saudi Pro League: Seit 2023 spielt Ronaldo für Al-Nassr in Saudi-Arabien.

»AUTOS SIND FÜR MICH EIN INVESTMENT«

Dem Journalisten Piers Morgan gab Cristiano Ronaldo in der Sendung Uncensored im November 2025 überraschend klare Auskünfte über seine inzwischen 40 Fahrzeuge umfassende Auto-Sammlung.
»Dass ich so viel Geld für High-End-Autos ausgebe, ist für mich ein Investment, ich fahre die Autos selten oder gar nicht«, erklärte der Rekord-Torschütze von Real Madrid, der mit »Los Blancos« von 2016 bis 2018 dreimal in Folge die Champions League gewann, in diesem Interview.

EIN PERSONALISIERTER RONALDO-BMW

Auto-Prunk am Golf – Der saudi-arabische Klub Al-Nassr schenkte CR7 und seinen Mannschaftskollegen, dazu gehören die ehemaligen Bayern-Profis Kingsley »Der King« Coman und Sadio Mané und Ronaldos portugiesischer Landsmann João Félix, sogar ein Auto.
Es waren BMW-Modelle XM in Schwarz und mit personalisierten Nummernschildern, mit denen sich Cristiano Ronaldo und Sadio Mané nur allzu gern ablichten ließen.
Bis 2027 hatte BMW Saudi-Arabien eine Partnerschaft mit Al-Nassr FC abgeschlossen. »Diese Zusammenarbeit«, so schrieb der bmwblog.com dazu im Dezember 2024, »ist ein Spiegelbild für die Partnerschaft von BMW mit Elite-Fußballklubs.« Zuvor hatten die Bayerischen Motoren Werke auch die Profis des AC Mailand und von Real Madrid mit ihren Autos unterstützt. Bei Real Madrid, wo Ronaldo bis 2018 spielte, waren es BMW i5-, i7- und XM-Modelle. Ronaldo war nun bei Al-Nassr praktisch als Galionsfigur für die neue Auto-Partnerschaft. Gewohnt stilsicher präsentierte der Mann, dessen Markenwert im Netz auf 500 Millionen Euro geschätzt wird, vor seinem schwarzen BMW XM.
»The XM Ronaldo« stand auf dem Nummernschild. »Luxus trifft Fußballstars«, so titelte der Verein Al-Nassr zu diesen Bildern von Ronaldo, Mané und Co.

»DIE BUGATTIS SIND ANDERE BIESTER«

Ob und wie Ronaldo diesen 2022 erstmals von BMW präsentierten SUV, der fast 190.000 Euro kostet, wirklich fuhr, ist nicht bekannt. Doch die Marke Ronaldo zieht auch am Golf. »Diese Zusammenarbeit bestätigt die wachsende internationale Präsenz von Al-

Cristiano Ronaldo bekam zum Geburtstag von seiner Partnerin Georgina Rodríguez einen von Brabus getunten Mercedes-AMG G 63 »800 Widestar« geschenkt.

Stets umlagert: Cristiano Ronaldo beim FIFA Award 2016 in Zürich.

Bei Real Madrid fuhr Cristiano Ronaldo Audi – die Premiummarke hatte eine Werbepartnerschaft mit den »Königlichen«.

Nassr, die mit Ronaldos Ankunft angestiegen ist«, erklärt Al-Nassrs Geschäftsführer, der italienische Unternehmensberater Guido Fienga, unter dessen Regie der saudi-arabische Hauptstadtklub – selbstredend dank der Präsenz von Cristiano Ronaldo – zu den 15 weltweit am meisten beachteten Fußballvereinen wurde. Das BMW-Geschenk für Ronaldo steht für eine wahre Luxus-Performance: 4,4-Liter-Turbo-V8-Motor, 738 PS und eine Beschleunigung von null auf 100 in 3,8 Sekunden.

Clips, die Ronaldo in seinen Super-Autos, etwa im Ferrari Purosangue, bei seinen seltenen Fahrten in den Straßen von Riad zeigen, erzielten seit 2023 bei Video-Plattformen wie TikTok oder YouTube konstant sechsstellige Klickzahlen.

Den Ferrari Purosangue erwarb er laut The Sun im Januar 2024, für umgerechnet 420.000 Euro.

Eigentlich beträgt die Lieferzeit für diesen italienischen SUV drei Jahre. Aufgrund der hohen Nachfrage stoppte Ferrari im November 2022 die Bestellmöglichkeiten. Cristiano Ronaldo hat trotzdem einen dieser Wagen erhalten, das gibt es wohl nur bei ihm.

»ALS ICH SIEBEN WAR, SAGTE ICH MEINEM VATER, ICH WOLLE EIN HAUS WIE MICHAEL JACKSON HABEN. UND DANN SAGTE ER ZU MIR, DASS TRÄUME NUR TRÄUME SEIEN, DAS SEI EIN PRIVILEG DER REICHEN. ICH BIN TRAURIG, DASS MEIN VATER DAS NICHT SEHEN KANN UND DAS, WAS ICH IN MEINEM LEBEN ERREICHT HABE.«
CRISTIANO RONALDO

2024 waren Ronaldos Autos, über die er selbst nach eigenem Bekunden den Überblick verloren hat, rund 20 Millionen Euro wert.

»Wenn ich wetten müsste«, erklärte Ronaldo bei Piers Morgan, »wie viele Autos es sind, würde ich ehrlicherweise 40 oder 41 sagen. Ehrlich gesagt, weiß ich es aber nicht genau, aber ich liebe die Bugattis. Das sind andere Biester.«

Das kann man so klar sagen. Der fast zehn Millionen Euro teure Bugatti Centodieci mit einer Motorleistung von 1.600 PS gehört schon seit Ronaldos Zeit bei Juventus Turin zu seiner Kollektion. Er war angeblich pikiert, als er während der COVID-19-Pandemie auf den Wagen warten musste …

»Es ist ein Auto, das sich nur wenige Menschen auf diesem Planeten leisten können«, schrieb das Portal khaleejtimes.com über diesen Ronaldo-Schlitten, der auf 379 km/h Spitzengeschwindigkeit kommt.

Das stimmt. Der Bugatti Centodieci ist auf zehn Fahrzeuge weltweit limitiert. Aber: Kein Besitzer ist so prominent wie Cristiano Ronaldo …

Andere Bugatti-Biester von Cristiano R. aus M. sind die Modelle Veyron und Chiron, für die er umgerechnet mehr als vier Millionen Euro bezahlt haben soll. Beide Autos gehören zu den Fixpunkten seiner Flotte. Der Veyron verfügt über einen W16-Motor. Um ihn zu erproben, wurde er im Jahr 2000 in einen Lamborghini Diablo eingebaut. Dieses Modell wurde erstmals auf der Bremen Classic Motorshow 2026 gezeigt.

Natürlich besitzt Ronaldo auch den 2016 auf dem 86. Genfer Auto-Salon erstmals vorgestellten Supersportwagen Bugatti Chiron. Sein 16-Zylinder-Mittelmotor sorgt für komfortable 1.500 PS.

Der 8. Januar 2009 schockte die Fußball-Welt: Superstar Cristiano Ronaldo crashte seinen Ferrari in einem Tunnel nahe des Flughafens von Manchester.

Unsere Ronaldos am Golf – Nicht nur von Al-Nassr, sondern auch von seiner Partnerin Georgina Rodríguez bekam Ronaldo zum 35.

Ankunft beim Nationalteam: Cristiano Ronaldo ist Rekordspieler und bester Torschütze Portugals.

Geburtstag einen Wagen als Geschenk, einen Mercedes G-Brabus im Wert von 700.000 Euro. Zum 36. Geburtstag gab es von Rodríguez zudem noch einen Rolls-Royce Dawn, ein Cabriolet der Oberklasse. Die Namensgebung dieses Wagens geht auf den Rolls-

Royce Silver Dawn zurück, der von 1950 bis 1954 in einer limitierten Stückzahl von nur 28 Exemplaren gebaut wurde.
Ein Ende des Auto-Prunks am Golf ist (erstmal) nicht in Sicht. Am 27. März 2026 kehrte der inzwischen 41 Jahre alte Sturm-Veteran Ronaldo nach einer in Spanien absolvierten Reha wieder nach Saudi-Arabien zurück. »Es ist gut, wieder hier zu sein«, schrieb er. Ja, irgendwie schon.

»Siuuuu« - Ronaldo und sein legendärer Jubel-Sprung. Oft kopiert, nie erreicht.

2019: Cristiano Ronaldo (r.) besucht Formel-1-Weltmeister Lewis Hamilton beim Grand Prix in Monaco (unten).

Cristiano Ronaldo erweiterte seine Autosammlung um einen Ferrari Purosangue mit V12-Motor.

Daumen hoch – Ronaldo am Steuer eines Jeeps, hier im Mai 2020 auf dem Trainingsgelände von Juventus Turin.

Einen Bentley Continental bot Cristiano Ronaldo 2016 zum Kauf an.

ARTURO VIDAL

KÖNIG ARTURO GIBT SICH DIE EHRE: MAL 900, MAL EIN PS

Arturo Vidal ist Chiles Fußball-König – das zeigte er ganz Südamerika mit seinem schrillen Ritt ins Stadion von Colo-Colo. Doch der ehemalige Star von Bayern München, Juventus Turin und vom FC Barcelona hat neben Pferden auch eine Auto-Liebe, die für einen Fußballstar ungewöhnlich anmutet.

Der König war zurück. Am 2. Februar 2024 überraschte Arturo Vidal ganz Chile. Der neben Ivan »Der Schreckliche« Zamorano bekannteste Fußballer des südamerikanischen Landes, das 1962 WM-Gastgeber war, verblüffte bei seinem Comeback bei Colo-Colo 35.000 Fans im Estadio Monumental in Santiago de Chile.

Nach 17 Jahren war der Fußball-Punk zurück bei dem Klub, der ihn groß gemacht hatte: Colo-Colo.

Der Rekordmeister Chiles hatte Vidal einst ausgebildet, 36-mal lief er für den Hauptstadtklub aus Santiago bis zu seinem Transfer zu Bayer Leverkusen (2007), seiner ersten Station in Europa, auf. Nun entstieg Arturo Vidal erst im Colo-Colo-Dress einem Hubschrauber, dann ritt er standesgemäß mit einer Krone, Schwert und Krönungsmantel auf einem Pferd in die Arena.

König Arturo auf einem PS – das passte. Denn der Chilene ist ein passionierter Reiter und Pferdezüchter, seit er im Juli 2014 sechs Fohlen zum Preis von umgerechnet 500.000 US-Dollar kaufte.

Bis zu 50 Pferde sollen ihm gehören, und Vidal zeigt sich gerne mit ihnen auf den Pferderennbahnen Chiles. So präsentierte er sich stolz am Zügel von

»Clavito Godoy« mit Jockey Jeremy Laprida im Sattel. Sein Pferd »Il Campione« brachte ihm beim Verkauf 2015 rund zwei Millionen US-Dollar ein.
Vidal-Pferde waren u. a. im Club Hipico de Santiago und im Hipódromo Chile am Start. Warum also nicht bei der Rückkehr einfach ins Stadion reiten?

DER FERRARI-UNFALL VERÄNDERTE VIDALS LEBEN

Kurz nach dem Foto mit dem Pferd und Jockey Laprida lieferte Arturo Vidal die dicksten Schlagzeilen seiner Auto-Biografie.
Auf der Rückfahrt aus einem Spielcasino schrottete Arturo Vidal im Juni 2015 seinen Ferrari 458 Italia. Und das »unter Alkoholeinfluss«, wie die chilenische Polizei zu Protokoll gab. Vidal und seine Frau Maria Teresa Matus kollidierten mit dem umgerechnet fast 250.000 Euro teuren italienischen Sportwagen mit einem anderen Auto, überschlugen sich – und entkamen glücklicherweise mit leichten Verletzungen.

Der Skandal – der Unfall ereignete sich während der laufenden Kontinentalmeisterschaft Copa América in Chile – war perfekt.
Vidal musste seinen Führerschein abgeben. »Ich habe alle enttäuscht«, schrieb er damals bei Twitter.
Chiles argentinischer Nationaltrainer Jorge Sampaoli hielt zu ihm: »Der Medienrummel ist groß, aber wir haben entschieden, ihn nicht zu suspendieren.«

Arturo Vidal im Oktober 2006 als Jungprofi bei Colo-Colo in Chile.

Gut so! Nach dem Unfall erholte sich der chilenische Star schnell und blieb auch im Finale gegen den Erzrivalen Argentinien am 4. Juli 2015 in Santiago cool.
Im Elfmeterschießen verwandelte Vidal den wichtigen Ball zum 2:1, Chile gewann nach torlosen 120 Minuten im Elfmeterschießen mit 4:1 gegen Lionel Messi und Co.
2016 konnten Vidal und »La Roja«, die Rote, wie Chiles Nationalmannschaft auch von den Fans genannt wird, ihren Coup wiederholen. 4:2, wieder nach Elfmeterschießen, wieder gegen Argentinien, dieses Mal im MetLife Stadium in East Rutherford im US-Bundesstaat New Jersey, dem Finalstadion der Fußball-WM 2026.

»JEDES MAL, WENN ICH GEGEN REAL MADRID GESPIELT HABE, FÜHLTE ICH MICH BETROGEN.«
ARTURO VIDAL

Der Ferrari 458 Italia, mit dem Vidal Glück im Unglück hatte, kam 2009 auf der Internationalen Automobil-Ausstellung in Frankfurt (IAA) zur Präsentation. Ohne Extras betrug der Brutto-Listenpreis des italienischen Sportwagens 197.000 Euro. Er konnte mit Automatikgetriebe oder – im Sportprogramm – manuell geschaltet werden.

VIDAL UND CO. – DIESE FUSSBALLSTARS SCHROTTETEN LUXUSAUTOS

Vidal hatte ihn in Rot – und mit dem Unfall zog er in eine höchst unrühmliche Fußball-Elf ein: in die Auswahl der Fußballprofis, die ihre Luxusautos zerlegten.
Das war u. a. Cristiano Ronaldo 2022 in seinem 1.200 PS starken Bugatti Veyron passiert, aber auch dem für Bayer Leverkusen und Werder Bremen spielenden Nigerianer Victor Boniface, der sich als Beifahrer in einem Mercedes-AMG ebenfalls überschlug und zum Glück unverletzt blieb.
Brasiliens zerbrechlicher Fußball-Heiland Neymar crashte ein Jahr nach Vidal seinen 280.000 Euro teuren Ferrari 458 Spider.
Diadé Samassékou von Bundesligist 1899 Hoffenheim leistete sich in einem Lamborghini bei einem Überholversuch einen teuren Blechschaden, eine Frau wurde dabei leicht verletzt.
Michail Antonio von West Ham United verletzte sich 2024 schwer, als er in einem Waldstück mit seinem Ferrari FF – Basispreis 300.000 Euro, Beschleunigung von null auf 100 km/h in 3,7 Sekunden – einen schweren Unfall verursachte. Der in dem silberfarbenen Auto eingeklemmte Fußballprofi konnte erst nach einer Stunde von der Feuerwehr aus dem Wrack herausgeschnitten werden.
Das blieb Arturo Vidal erspart. Seine Vorliebe für Ferrari endete aber nicht mit seinem medienträchtigen Unfall.
Im Jahr 2019 legte er sich einen Ferrari F8 Tributo zu. Besondere Kennzeichen dieses Italieners: 3,9-Liter-V8-Motor, 720 PS Leistung und eine Spitzengeschwindigkeit von bis zu 340 km/h. In drei Sekunden lässt sich dieser Wagen von null auf 100 beschleunigen. Eine andere Episode: Wie Vidal über seine Social-Media-Kanäle in einem geteilten Video kundtat, fragte er seinen Kumpel Ivan Valenzuela, ihn

Der Ferrari 458 von Arturo Vidal hatte nach seinem Crash während der Copa América 2015 nur noch Schrottwert.

Als Ersatz legte sich Vidal im Jahr 2019 einen Ferrari F8 Tributo zu – mit 3,9-Liter-V8-Motor und 670 PS deutlich leistungsstärker als der verunfallte Ferrari 458.

Das muss echte Auto-Liebe sein: Vidal und sein Fiat Panda.

WM 2010: Chile und Arturo Vidal (l.) scheiterten in Südafrika an Brasilien und Dani Alves.

im Ferrari 488 GTB nach Hause zu fahren. Gemeinsam fuhren die Fußballstars durch den strömenden Regen von Como.

Zu den hochpreisigen Modellen in Vidals Garage gehört auch ein Mercedes Brabus G63, den er natürlich beim Instant-Nachrichtendienst »X« zur Schau stellte.

Vidal auf der Motorhaube des 300.000 Euro teuren, von Brabus (Bottrop) veredelten Mercedes-SUV, der dank eines 6,3-Liter-Biturbo-V12-Motors als extrem leistungsstark gilt – 900 PS sind geboten: Dieses Foto aus dem Jahr 2020 ließ den Emporkömmling strahlen. Denn: Der Mittelfeldspieler stammt aus kleinen Verhältnissen, wuchs im Arbeiterviertel San Joaquin in Santiago de Chile auf.

Sein Wechsel zu Bayer Leverkusen vollzog sich 2007 für die Ablöse von 5,6 Millionen Euro, an der sein Stammverein Colo-Colo mit einer Weiterverkaufsbeteiligung von 30 Prozent mitverdiente.

Der Fußballer Arturo Vidal wurde in der Folgezeit in drei der Top-5-Ligen in Europa, in der deutschen Bundesliga, in Spaniens La Liga und in der italienischen Serie A, Meister. Allein mit dem FC Bayern, wo ihn der Autor im August 2015 interviewte, wurde er bis zu seinem Abschied 2018 dreimal Deutscher Meister.

Ein Typ, der seinen neuen Wohlstand und seine Luxuskarossen oft und gern zeigt, sollte man denken.

DIE LIGA DER AUSSERGEWÖHNLICHEN AUTO-GENTLEMEN

Nicht ganz. Arturo Vidal, »Il Guerreiro«, der Krieger, wie das 1,80 m große Laufwunder in Südamerika auch genannt wird, vollzog einen erstaunlichen Image-Wandel.

Raus aus der »Mehr-Geld-als-Geschmack«-Liga der autofahrenden Fußballstars und rein in die Liga der außergewöhnlichen Auto-Gentlemen: Denn nicht alle hochbezahlten Fußballprofis sind PS-Protz-Profis. Das bewies Arturo Vidal, wenngleich nicht frei von medialem Getöse, im November 2021. Der König sattelte um.

Inzwischen bei Inter Mailand unter Vertrag, zeigte er voller Freude sein neues Auto. Kein Ferrari, kein Benz. Nein.

EIN KÖNIG IM FIAT PANDA: »TRAUM WIRD WIRKLICHKEIT«

Es war ein FIAT Panda. »Das Geschenk ist angekommen. Ein Traum wird Wirklichkeit«, kommentierte Vidal, dessen Jahresgehalt in Mailand bei kolportierten 7,8 Millionen Euro lag, diese vergleichsweise bescheidene Anschaffung voller Freude.

Bei den Fachmedien sorgte das für Verwunderung: »Lebt Arturo Vidal nur für Superautos?«, so die Frage beim Portal autorevolution.com, »laut seinem Account @kingarturo23official gibt es in seiner Garage einen neuen Favoriten.«

Und zwar einen FIAT Panda der ersten Generation. Nur 3,38 Meter lang, war dieser legendäre italienische Kleinstwagen, den die Turiner ab 1980 in einer Stückzahl von vier Millionen fertigten, der neue Liebling des chilenischen Fußball-Königs.

Arturo Vidal spielte von 2011 bis 2015 bei Juventus Turin. Ob er sich in der italienischen Autostadt in den FIAT Panda verliebt hat, ist nicht bekannt. Aber: Mit dem türkisfarbenen Kultwagen fuhr er wenig später auf dem Trainingsgelände von Inter Mailand vor.

IN DER »LIGA DER AUSSERGEWÖHNLICHEN AUTO-GENTLEMEN«

»Ich bin auch mit kleinen Dingen zufrieden«, schrieb der chilenische Fußballstar dazu – und konterkarierte das Bild vom hoch dotierten Fußball-Legionär in hochpreisigen Autos.

Er ist nicht der einzige Superstar, der gern auch mal den kleinen Gang einlegt. Real Madrids langjähriger Stürmerstar Karim Benzema, inzwischen Top-Verdiener bei Al-Hilal in Saudi-Arabien, setzte auf einen 1998er Citroën ZX.

Natürlich ist dieser in Europa bis 1998, in China bis 2009 produzierte kompakte Franzose nicht das einzige Auto des Monsieur Le Benzema. Der fünfmalige Champions-League-Sieger zeigte sich u. a. in der spanischen Sport-Zeitung Marca vor seinem Lamborghini Urus in Gelb, einem weißen Rolls-Royce Wraith und verschiedenen Audi-Modellen. Das war dann wieder der »echte« Benzema …

Arturo Vidal entsteigt vor einer Pressekonferenz 2015 in der Münchner Allianz-Arena einem Audi.

Schlüsselübergabe im August 2016: Bei den Bayern fuhr Arturo Vidal Audi – und war auch Werbe-Testimonial (siehe Plakat).

Arturo Vidal beim Bundesliga-Spiel von Bayer Leverkusen gegen Hoffenheim am 23. April 2011 in der BayArena. Der Chilene spielte von 2007 bis 2011 für die »Werkself«.

Während der Corona-Zeit: Vidal mit Maske am Steuer seines Mercedes Brabus G63.

Auch Welt- und Europameister Sergio Ramos, von Real Madrid wie viele andere Starspieler durch die kalte Küche verjagt, mag es in Sachen Autos gern auch mal bescheidener und fährt einen Seat 600, ein Geschenk seines Bruders.
»Der Panda kam bei FIAT zur Welt mit dem Gedanken, die Welt des Kleinwagens zu revolutionieren«, schrieb das Portal garage-italia.com 2023 über Vidal und seinen FIAT, »um den Italienern Mobilität zu geben, ein Auto für alle.«

»ARTURO VIDAL IST DER BESTE CHILENISCHE SPIELER ALLER ZEITEN.«
PEP GUARDIOLA

Dass aber Arturo Vidal, von Ex-Bayern-Coach Pep Guardiola als »bester chilenischer Spieler aller Zeiten« geadelt, zur Fangemeinde des FIAT Panda gehört, mutet ungewöhnlich an.
Doch Vidal war es damit durchaus ernst: »Warum sollte ich einen Jeep oder ein anderes, großes Auto ahren, wenn ich meinen Panda habe?«
Die Vermutung der Garage-Italia-Autorin Caterina Capelli: »Abseits des Rasens hat sich Arturo Vidal eine Reihe von grenzwertigen Episoden geleistet, wie eben 2015, als er seinen Ferrari betrunken gecrasht hat. Trotz dieses Bad-Boy-Images hat sich Vidal aber immer den Status des einfachen Typen beibehalten. Als Spieler agierte er so, wie man in Italien den Panda als Auto sieht: beeindruckend in Leistung und Zuverlässigkeit – und ohne Schnickschnack.«

»King Arturo«: Fußball-Krieger und Punk – Arturo Vidal im Trikot von Colo-Colo beim Copa-Libertadores-Duell mit Racing Club am 14. Mai 2025 in Avellaneda.

Bei Bayern München (2015 bis 2018) ließ sich Vidal gern auch mal im Golf Caddy chauffieren.

BVB

Arturo Vidal beim DFB-Pokalspiel zwischen dem FC Bayern München und Borussia Dortmund am 20. Dezember 2017 in der Allianz-Arena. Die Bayern gewannen das Viertelfinale mit 2:1.

ZINÉDINE ZIDANE

MONSIEUR 100.000 PS

Ab Sommer 2026 gilt: Er ist wieder da – Zinédine Zidane veredelt seine Weltkarriere und wird nach der WM in Nordamerika neuer Nationaltrainer Frankreichs. Dabei war Monsieur le Zidane eigentlich nie weg – seine Autos machten ihn zum Dauergast auf dem französischen Boulevard.

Zinédine Zidane trug winterliche Kleidung, als er auf der legendärsten Rennstrecke Frankreichs auftauchte. Das war im Juni 2024 bei 15 Grad Außentemperatur.

Der Fußball-Welt- und Europameister, Champions-League-Sieger und Erfolgstrainer mit Frankreich und Real Madrid eröffnete die »24 Stunden von Le Mans« mit der ersten Flagge. Er hatte für das Rennen, das auch sein Weltmeister-Teamkollege von 1998, Fabien Barthez, mehrfach fuhr, nur lobende Worte:

»Die 24 Stunden von Le Mans sind unvergleichlich«, sagte »Zizou«, »es ist ein ikonisches Rennen für jeden, der den Motorsport liebt, für alle Menschen weltweit. Es ist eine Quelle für immensen Stolz für ganz Frankreich. Mein Kopf ist voller Bilder von diesem Rennen, legendären Fahrern und unglaublichen Geschichten. Es ist überflüssig zu sagen, dass ich sehr stolz bin, dieses Rennen starten zu dürfen.«

ist es. Zidane, das war auf dem Rasen der Monsieur 100.000 Volt – frei nach dem französischen Chansonnier Gilbert Bécaud († 2001 / »Nathalie«).
Seine Karriere als Fußballprofi endete am 9. Juli 2006. WM-Finale, Frankreich gegen Italien. In der Verlängerung rammte Zinédine Zidane den italienischen Abwehrspieler Marco Materazzi mit einem Kopfstoß um – und sich selbst ins »Aus«. Für diese Aktion konnte es keine andere Entscheidung des argentinischen Schiedsrichters Horacio Elizondo geben als Rot.
»Er hat wahrhaftige Beleidigungen gegen meine Familie ausgesprochen«, begründete Zidane diesen Ausraster. Ein schändlicher Abgang für Frankreichs Ausnahmefußballer, der nicht nur den Fans von »Les Bleus« so viel Freude gemacht hatte.
Weltmeister 1998 und Europameister 2000 mit Frankreich, Champions-League-Sieger 2002 mit Real Madrid, dreimal in Folge im CL-Finale mit Juventus Turin, 2001 mit einer Ablösesumme von 77,5 Millionen Euro – die Real für ihn an »Juve« überwies – der damals teuerste Spieler der Welt. Zidanes Weg pflastert eine Fülle an Superlativen.
Aber auch unglaubliche Aussetzer. Der Kopfstoß gegen Materazzi war nicht sein erster Blackout. Im Champions-League-Heimspiel mit Juventus Turin gegen den Hamburger SV (1:3) im Oktober 2000 streckte er auch den beinharten HSV-Profi »Knochen-Jochen« Kientz auf diese Weise nieder.

»ZIDANE IST VÖLLIG AUSGEFLIPPT«

2011 erinnerte sich Jochen Kientz in einem Interview mit dem Fußball-Kulturmagazin 11FREUNDE an diese Szene:
»Ich habe Zidane nicht provoziert, er war einfach nur sauer, weil er komplett ausgeschaltet war. Bis dahin hatte er keinen Ball bekommen und wurde immer wütender. Dann hat er mir einen Kopfstoß verpasst, wie er es auch 2006 im WM-Finale gegen Materazzi getan

Nur ein Hauch von Luxus: Zidane leistete sich zu Beginn seiner Profikarriere in Bordeaux einen BMW M3 (E36) – passenderweise in Bordeaux-Rot.

Zidane agiert auch als Markenbotschafter von Alpine, hier posiert er vor dem Wasserstoff-getriebenen Konzeptfahrzeug Alpine Alpenglow HY6.

Zinédine Zidane spielte mit Frankreich zwei WM-Finals: 1998 (l.) und 2006. Nur aus einem ging er mit einem Team als Sieger hervor. Dafür war auch das Scheitern im Finale 2006 legendär.

hat. Zidane ist völlig ausgeflippt.«
Nicht nur in Turin. Auch beim »El Clásico«, der Fußball-Schlacht um die Deutungshoheit in Spanien. Da langte er in Diensten von Real

»LE MANS IST EINE QUELLE FÜR IMMENSEN STOLZ FÜR GANZ FRANKREICH.«
ZINÉDINE ZIDANE IN LE MANS, 2024

Madrid Luis Enrique vom FC Barcelona am 19. April 2003 ins Gesicht – und sah dafür »nur« Gelb.
Was den Fußball angeht, so stand Zidane mit dem WM-Titelgewinn von 1998 endgültig in der Reihe der ganz Großen. Er triumphierte am 13. Juli 1998 in Paris Saint-Denis mit Frankreich 3:0 über Brasilien und stach in diesem denkwürdigen Finale den besten Stürmer seiner Zeit, Ronaldo Nazário, aus. Auch der gleichaltrige Portugiese Luís Figo, mit dem Zidane in Madrid spielte, kam in Sachen Strahlkraft, sportlichem Erfolg und Charisma nicht an den Franzosen heran.
Als Trainer setzte er mit Real Madrid Meilensteine wie kein anderer Coach vor ihm. Zidane ist der einzige Cheftrainer, dem es gelang, die Champions League dreimal in Folge zu gewinnen. Das schaffte er von 2016 bis 2018 mit einem Star-Ensemble um Cristiano Ronaldo, »Monsieur le Benzema« und Gareth Bale. Im Finale von Kiew 2018 hielten die »Königlichen« den FC Liverpool (3:1) und seinen

Kein Geringerer als Zinédine Zidane eröffnete 2024 das legendäre Rennen von Le Mans – wiederum als Markenbotschafter für Alpine.

Zidane - Frankreichs Fußball-Idol auf einem Mega-Plakat über seiner Heimatstadt Marseille.

Der Familienmensch Zidane präsentiert 1998 stolz den WM-Pokal.

Trainer-Highflyer Jürgen Norbert Klopp noch vom Griff nach dem Henkelpott ab. Doch der Waliser Bale fiel – obwohl in diesem Spiel mit einem Traumtor – wenig später bei Zidane in Ungnade.
Und was das heißt, zeigt allein dieser Spruch von Monsieur le Zidane: »Es ist besser, wenn er morgen geht.«
Gehen wir mit Zidane zurück auf die Rennpiste. In Le Mans hatten vor dem französischen Fußball-Idol schon ganz andere Prominente die Ehre, das Rennen zu eröffnen.

ZIDANE IN LE MANS: WIRKLICH EIN PATRIOT?

Schauspieler Brad Pitt (»World War Z«) im Jahr 2016, Tennis-Star Rafael Nadal 2018, Basketball-Idol LeBron James 2023 oder auch der 1980 mit nur 50 Jahren viel zu früh verstorbene US-Schauspieler und Motorsportler Steve McQueen – sie alle sah man beim Start von Le Mans.

Zinédine Zidane in seinem letzten Fall: Der unvergessene Platzverweis im WM-Finale gegen Italien am 9. Juli 2006 in Berlin. Zuletzt gab es sogar Trost von Italien Schlussmann Gianluigi Buffon.

Steve McQueen fuhr 1970 beim Zwölf-Stunden-Rennen von Sebring im US-Bundesstaat Florida in einem Porsche 908/02 auf den dritten Platz und wollte im gleichen Jahr selbst gemeinsam mit dem dreimaligen Formel-1-Weltmeister Jackie Stewart in Le Mans starten. Das wurde von den Veranstaltern abgelehnt.
Dennoch erhielt der Star aus »Bullitt« die Drehgenehmigung für seinen Film »Le Mans«. Dabei waren die Aufgaben an der Rennstrecke wesentlich komplexer als die von Zidane 2024. Sein Part bestand darin, vom Starterhäuschen direkt über der Start-Ziellinie die französische Flagge zu schwenken und das 62 Wagen starke Feld auf die Reise zu schicken.
Diese patriotische Geste gehört eigentlich nicht zu den Lieblingsaktivitäten von Monsieur le Zidane. »Ich werde nie die Marseillaise grölen, nur um einigen Leuten damit einen Gefallen zu tun«, hatte

Zinédine Zidane präsentiert eine eigens personalisierte Alpine A110 R beim Treffen von Alpine Racing in Madrid. Dort traf der Weltmeister auch die Formel-1-Fahrer Esteban Ocon und Pierre Gasly sowie junge Teilnehmer der Alpine-Nachwuchsprogramme.

der französische Fußballstar algerischer Abstammung – seine Eltern Smaïl und Malika verließen das Land 1953 vor Beginn des Algerienkrieges – einmal gesagt.

> »REAL MADRID IST DAS WICHTIGSTE, WAS MIR IN MEINEM LEBEN PASSIERT IST – SOWOHL ALS SPIELER WIE AUCH ALS MENSCH.«
> ZINÉDINE ZIDANE

Zidane kokettiert mit seiner algerischen Herkunft. Beim Afrika-Cup 2026 sah man ihn – als bereits gehandelten neuen Nationaltrainer Frankreichs – in Marokko auf der Ehrentribüne bei den Spielen der »Wüstenfüchse« aus Algerien, wo sein im Weltmeisterjahr 1998 geborener Sohn Luca als Torhüter agierte.

Diese Zeit für Algerien nahm sich Zidane senior gern. Gut zwei Jahre vorher hatte er eine andere Aufgabe übernommen.

IM ALPINE: ZIDANE »ELEKTRISIERT« MADRID

Der Fußballstar wurde Markenbotschafter des zur Renault-Gruppe gehörenden Autoherstellers Alpine.

Er promotete den neuen, vollelektrischen Fünfsitzer Alpine A290. »Legenden finden zusammen«, lautete der dazugehörige Claim.

Formel-1-Weltmeister Michael Schumacher und Zidane 2007 bei einer Testfahrt mit dem Ferrari »Enzo« in Magny Cours.

Die französische Nationalmannschaft von 1998 mit Zinédine Zidane, Didier Deschamps, Fabien Barthez und Lilian Thuram beim offiziellen Mannschaftsfoto.

Zidane und Pierre Fillon (r.), Präsident des »Automobile Club de l'Ouest« (ACO) 2024 in Le Mans.

Warum auch nicht? Mit diesem Auto sah man Zinédine Zidane in der Stadt, in der er sich wie zu Hause fühlt und in der er Fußballgeschichte schrieb: in Madrid.

»Ich bin sehr dankbar, dass ich diesen Wagen fahren konnte und dass ich mit dem gesamten Team von Alpine viel Zeit verbringen konnte – das war sehr aufregend«, erklärte Zidane im Anschluss an seine erste Testfahrt mit dem A290 GT.

»HERR PROFESSOR, ICH BIN MIT MEINEN GEDANKEN IMMER NUR BEI IHNEN.« – »UND BEI ZINÉDINE ZIDANE…«
DER AUTOR UND GERMANISTIK-PROFESSOR HANS PETER ALTHAUS KALAUERN IM EM-SOMMER 2000.

Das »Auto des Jahres« 2025 erhielt von 60 Automobiljournalisten aus 23 Ländern 353 Punkte und bekam diese begehrte Auszeichnung.

Während der »24 Stunden von Le Mans« traf Zidane auch Mathis Pellerin und Gabin Thimouy, zwei hoch talentierte Automechaniker, die 2024 den Wettbewerb »Concours Excellence Mécanique Alpine« gewonnen hatten. »Es war großartig, Mathis und Gabin zu treffen«, sagte der Fußball-Weltmeister anschließend, »man hat ja keine Vorstellung davon, wie schwierig ihre Arbeit ist.«

Philippe Sinault, Teamchef von Alpine Endurance, war in Le Mans von der Präsenz des »Zizou« begeistert: »Zinédine Zidane in Le Mans zu sehen und zu beobachten, wie er das Team unterstützt, macht Alpine und seine Piloten sehr stolz – das ist ein Symbol.«

EIN AUTO FÜR DAS ERSTE TOR

Zidane und Renault – oder »Legenden finden zusammen« – das ist gar nicht mal schlecht. Denn auch das erste Auto von Monsieur le Zidane war ein Renault.

Nachdem der Straßenfußballer aus dem Marseiller Problemviertel La Castellane 1988 vom Erstligisten AS Cannes gescoutet wurde, gab man ihm zunächst keine gute Prognose: »Er ist zu streitsüchtig, um Karriere zu machen«, hieß es in einem Persönlichkeitsprofil des Youngsters.
Dennoch gab Zinédine Yazid Zidane am vorletzten Spieltag der Saison 1988/89 für Cannes sein Profi-Debüt in Frankreich.
Das war am 20. Mai 1989 beim 1:1 gegen den FC Nantes. Die Mannschaft von der französischen Atlantikküste wurde am 10. Februar 1991 im Stade Pierre de Coubertin in Cannes der erste Klub, der ein Tor des genialen Jungstars hinnehmen musste. Zidane traf zum 1:1, Endstand: 2:1 – und sicherte sich ein unglaubliches Geschenk.

Cannes-Präsident Alain Pedretti löste sein Versprechen ein und schenkte Zidane zur Torpremiere einen Renault Clio. Diesen Kleinwagen – den Nachfolger des legendären Renault R5 – fuhr Zidane bis zu seinem Wechsel zu Girondins Bordeaux 1992, wo er zum Superstar aufstieg.
Bis dahin war der bis 1998 gebaute Clio I – der 1994 leicht überarbeitet wurde – eine Art Statussymbol von Zinédine Zidane.

Zinédine Zidane führte Real Madrid und Luka Modric (m.) als Trainer durch die Corona-Krise.

Ein Renault Clio wurde für Zidanes erstes Tor im Profifußball als Geschenk ausgelobt.

FRANKREICH-IDOL IM BMW

In Bordeaux nahmen die Dinge – und dann auch die Autos – Fahrt auf. Nach einer sensationellen UEFA-Cup-Saison 1995/96 mit Girondins war Zidane nicht mehr zu halten. Juventus holte ihn für 3,5 Millionen Euro in die Serie A.
Zidane stieg zuvor auf seiner letzten Spielerstation in Frankreich auf einen BMW M3 (E36) um – natürlich in Bordeauxrot.

FERRARI ALS GARAGEN-WAGEN

Mit dem Gewinn des Ballon d'Or 1998 bekam er das nächste Top-Auto.
»In meinem Vertrag, den ich 1996 mit Juventus abgeschlossen hatte, gab es eine Klausel, wonach Juve mich mit einem Ferrari ausstatten würde, wenn ich den Ballon d'Or gewinnen würde«, verriet Zidane 2025. »Nachdem ich diesen Award gewonnen hatte, hielt Juventus sein Versprechen – und der rote Wagen kam an. Er stand über 20 Jahre in der Garage meiner Eltern in Marseille.«
Verkauft hat er den Wagen nie: »Warum ich ihn nicht verkaufe? Es ist eine Erinnerung, denn ich habe einen Teil von mir in Italien gelassen.«
Zidane fährt außerdem einen Audi RS3, den er sich rund 62.000 Dollar kosten ließ. Mit 400 PS beschleunigt er in 3,8 Sekunden von null auf 100 km/h.
Das teuerste Auto von Zinédine Zidane ist ein Mercedes-Benz AMG G63, für den er rund 222.000 US-Dollar bezahlt haben soll. Das 621 PS starke Luxus-SUV geht gerade noch als Familienkutsche durch. Denn Zidane ist ein Familienmensch. Und merke: Wer seine Familie nicht respektiert, wird abgeräumt – wie Materazzi. Oder »Knochen-Jochen«.

Zinédine Zidane, Pierre Gasly, Renault-Chef Luca de Meo und Alpine-CEO Philippe Krieff bei der Weltpremiere des Elektroautos Alpine A390 am 27. Mai 2025 in Dieppe.

Zidane 2023 beim Treffen von Alpine Racing in Madrid, vor dem Dienstwagen der Alpine-Piloten Pierre Gasly und Esteban Ocon des Typs A 523.

MEISTER-AUTOS

WIR AUTO-WELTMEISTER!

Deutschland sehnt sich 2026 und bei Drucklegung dieses Buches nach vielem. Auch nach einem Erfolg seiner Fußball-Nationalmannschaft bei der Weltmeisterschaft in den USA, Kanada und Mexiko. Die Empfänge der erfolgreichen DFB-Elf nach großen Triumphen und epischen Vize-Weltmeisterschaften sind ein Stück deutsche Fußballgeschichte, aber sie sind fast ein bisschen aus der Zeit gefallen.

Der Koch kam als Erster. Fritz Westermann, der Maître de Cuisine der deutschen Nationalmannschaft, der der DFB-Elf vor dem WM-Auftakt am 10. Juni 1990 gegen Jugoslawien (4:1) in Mailand einfach mal Spaghetti aufgetischt hatte, trug den goldenen FIFA-WM-Pokal tapfer durch den Pulk der im Kaisersaal des Frankfurter Rathauses wartenden Kamerateams und Fotografen.

Franz Beckenbauer genoss diese historischen Momente trotz der Enge auf gut Bayerisch – mit einer Prise Schnupftabak. »Es war sicherlich der größte und schönste Empfang, den ich mitgemacht habe, und ich habe einige erlebt, die Leute standen schon am Flughafen, aber die Mannschaft hat sich das auch verdient, sie ist verdient Weltmeister geworden«, sagte der Macher des Erfolges im ARD-Interview.

»Das war ein Empfang, wie ihn sonst nur die Südamerikaner oder die Italiener können«, adelte auch Publikumsliebling Pierre Littbarski die deutschen Fans.

Diese Bilder machten den Auto-Korso von München möglich: Helmut Rahn (Foto mitte), Fritz Walter und Horst Eckel (Foto rechts) im WM-Finale 1954 von Bern.

AUTO-KORSO DURCH FRANKFURT 1990: SO VIEL BEGEISTERUNG WAR NIE

Immer wieder hatte »Das Erste« vom Rathaus am Frankfurter Römerberg raus auf die Strecke zwischen Flughafen Rhein-Main und Innenstadt geschaltet.

Nun waren die Weltmeister endlich angekommen. Zuerst zeigten sich der Kapitän und der Siegtor-Schütze der jubelnden Menge. Namentlich die Italien-Profis und Freunde Lothar Herbert Matthäus und Andreas Brehme († 2024), gefolgt von Uwe Bein, dem Lokalmatador von Eintracht Frankfurt, und dem Hanauer Thomas Berthold, der den hessischen Bundesligisten schon 1987 in Richtung Hellas Verona verlassen hatte.

Die deutsche Nationalmannschaft fuhr am 9. Juli 1990 mit 40 nagelneuen Autos von Mercedes-Benz durch die Main-Metropole, die auch Sitz des Deutschen Fußball-Bundes (DFB) ist. Oder anders und frei nach dem berühmten Western Vierzig Wagen westwärts (Originaltitel: The Hallelujah Trail) von 1965 mit dem unvergessenen Burt Lancaster.

Einen besseren Titel als The Hallelujah Trail konnte es für diesen Konvoi kaum geben. Denn auf solche Jubel-Bilder hatten das DFB-Team, später auch wenig glücklich als »Die Mannschaft« firmierend, und seine Fans in Ost und West sehr lange warten müssen.

Nach den gegen Italien klar und gegen Argentinien unglücklich mit

1:3 respektive 2:3 verlorenen WM-Finals 1982 und 1986 in Madrid und Mexiko-Stadt sowie der 1:2-Demütigung im EM-Halbfinale 1988 in Hamburg durch den Erzrivalen Niederlande war die Sehnsucht nach einem solchen Triumph nicht kleiner geworden.
Ein kaiserliches »Halleluja«, besser gesagt ein »Geht's raus, spielt's Fußball« von Franz Beckenbauer, beflügelte die deutsche Mannschaft bei der WM in Italien.

»UN'ESTATE ITALIANA«

Es konnte, es musste »Un'Estate Italiana«, ein italienischer Sommer sein. Deutschland stand nach der Wende in der DDR vom 9. November 1989 vor der politischen Wiedervereinigung. So viel Anfang war nie. Die hoch dotierten DFB-Nationalspieler wie Matthäus, Brehme, Berthold, Jürgen Klinsmann und Rudolf »Rudi« Völler (AS Rom) waren in der italienischen Serie A zu Superstars geworden, was der deutschen Elf bei ihren Auftritten bei der WM 1990, die im Rhythmus von »Un'Estate Italiana« von Rock-Röhre Gianna Nannini und vom neapolitanischen Musiker Edoardo Bennato schwang, einen großen Sympathiebonus brachte.
In Mailand, wo Brehme, Klinsmann und Matthäus für Inter spielten, war es ein echter Heimvorteil.
Am 8. Juli 1990 war das in Rom nicht anders. Die deutsche Nationalmannschaft, die im Stadio Olimpico durch ein Elfmeter-Tor von Brehme zum 1:0 gegen Titelverteidiger Argentinien zum dritten Mal

Helmut Rahn (l) bei einer WM-Feier in Dingolfing bei München auf einem Motorroller.

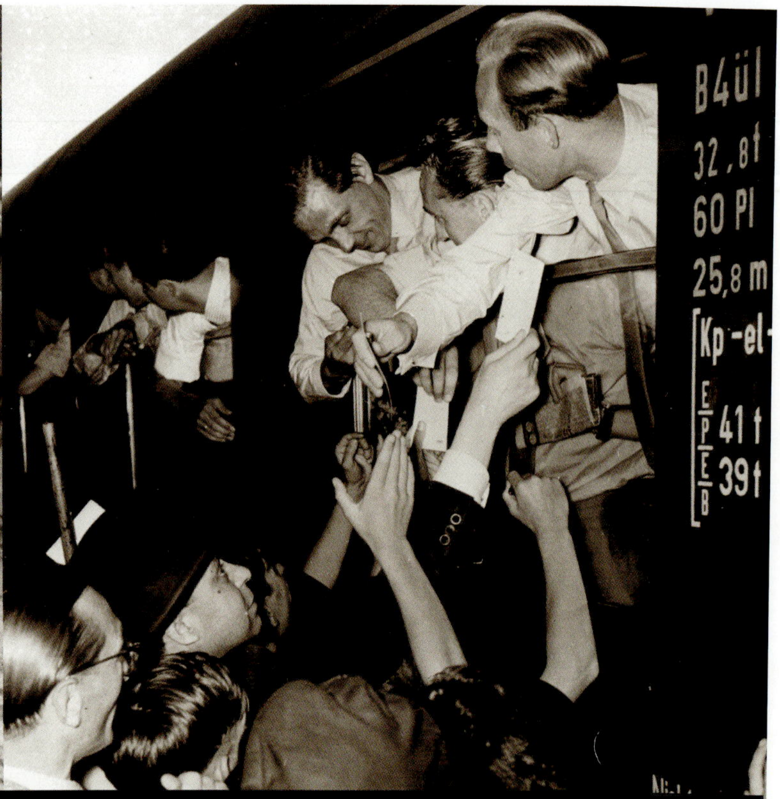

Schon im legendären Weltmeister-Zug (VT 08.5) wurden die deutschen Spieler von den Fans umlagert.

Sensationelle Luftaufnahme vom WM-Autokorso 1954 in München.

Weltmeister wurde, hatte die Mehrheit der Zuschauer hinter sich. Die Fans campierten auf den Grünflächen vor dem Stadion am Tiber und suchten teilweise verzweifelt noch nach Tickets.

Bei der Siegerehrung gab es gellende Pfiffe für Argentiniens Kapitän, den Ferrari-Fahrer Diego Armando Maradona († 2020), der sich mit abfälligen Bemerkungen über den Halbfinal-Spielort Neapel (»Neapel ist nicht in Italien.«) den Zorn der italienischen Tifosi zugezogen hatte. »Maradona«, mutmaßte Eurosport-Experte und Vize-Weltmeister Hansi Müller, »wäre gut beraten, Italien zu verlassen.« Das tat er tatsächlich schon ein Jahr später (vgl. Autos der Fußballstars, Vol. 1 – Ein Ferrari in der Hand Gottes).

Aber an diesem Tag galt: Maradona war gestern, heute ist Frankfurt.

Während die Fans am Römer ein beeindruckendes, in der Sommersonne herrlich schimmerndes schwarz-rot-goldenes Fahnenmeer bildeten, kam der Korso mit dem neuen Weltmeister – gut eine Million Menschen säumten die Straßen – auf der Frankfurter Stadtautobahn nur schwer voran.

Für Eintracht-Idol und Weltmeister Jürgen »Grabi« Grabowski († 2022), als ARD-Experte im Rathaus dabei und bis heute einziger Spieler, der an seinem Geburtstag den WM-Titel holte, war das keine Überraschung: »Ich bin fast ein alter Bekannter hier, wir haben mit der Eintracht hier schon häufiger mit dem DFB-Pokal hier gestanden, mit der Nationalmannschaft 1966 und 1970, auf diese Stimmung ist Verlass, aber heute ist es extrem.«

Schalten wir raus auf die Strecke! Die Wahl-Kölner Pierre »Litti« Littbarski und Thomas »Icke« Häßler teilten sich eines dieser Cabriolets und kommunizierten lautstark mit Günter Herrmann von Werder Bremen, der alleine und zwei Wagen hinter ihnen saß. Zwei Länderspiel-Einsätze brachten Herrmann einen Platz im WM-Kader und am Ende im Cabrio …

Angeführt wurde der Konvoi – natürlich – von dem Wagen mit dem 1984 im Anschluss an eine wilde Diskussion mit den BILD-Reportern Alfred Draxler (»Franz, du musst das jetzt machen!«) und Raimund Hinko nach dem EM-Aus der deutschen Mannschaft in Frankreich installierten DFB-Teamchef Franz Anton Beckenbauer († 2024) und Mannschaftskapitän Matthäus.

»Loddar« reichte im Überschwang der Gefühle den FIFA World Cup, den Deutschland zuletzt 1974 gewonnen hatte, gern mal kurz zum Anfassen in die Menschenmenge. Nur anfassen, nicht gucken.

WELTMEISTER-AUTO MIT ÜBERROLLBÜGEL

Wir Auto-Weltmeister – Mercedes-Benz war seit 1990 offiziell Generalsponsor des DFB. Im Rahmen dieser Kooperation unterstützte der Automobil-Gigant besonders die Männer- und Frauen-Nationalmannschaften des DFB. Für Fahrten zu Länderspielen oder Trainingseinheiten standen den Teams und ihren Betreuern Mercedes-Benz Travego- und Tourismo-Busse zur Verfügung.

Beim WM-Titelgewinn 1990 ließen die Stuttgarter nun groß auffahren. Die neuen Mercedes-Benz 300 SL (R129) Cabriolets, erst kurz zuvor auf den Markt gekommen, brachten die Spieler vom Frankfurter Flughafen zum Römerberg.

Der zweisitzige Sportwagen wurde 1989 das Nachfolgemodell des R 107, und eine Besonderheit war die Modellbezeichnung. Während frühe Exemplare noch als SL-Modelle (mit angefügtem SL, z. B. 500 SL) bezeichnet wurden, gehörte der R 129 ab 1993 zur so genann-

»Der Chef« fuhr mit – Weltmeister-Trainer Sepp Herberger vor dem Team-Bus während der WM 1966 in England.

23. Juli 1966: Auch dieses Foul von Uruguays Jorge Manicera im Viertelfinale in Sheffield konnte Uwe Seeler nicht stoppen...

Frankfurt, 31. Juli 1966: Die bundesdeutsche Mannschaft wird bei ihrer Rückkehr als Vizeweltmeister gefeiert. Im ersten Mercedes-W111-Cabrio: Bundestrainer Helmut Schön und DFB-Kapitän Uwe Seeler.

ten SL-Klasse, mit vorangestelltem SL, z. B. SL 500.
Die in Frankfurt zu bewundernde Cabrio-Version hatte eine »A-Säule« als besonderes Feature. Sie erwies sich im Falle eines Überschlags als weitgehend knicksicher. Der integrierte, innovative automatische Überrollbügel fuhr bei einem Überschlag innerhalb von 0,3 Sekunden selbst aus.

»DER GROSSE WURF« FÜR DIE OBERKLASSE

Der Konvoi der »Recken von Rom« wurde von weiteren Modellen der S-Klasse (W126) und E-Klasse (W124) begleitet. Der W124 wurde als Limousine bis 1995 produziert und kam auf eine Motorleistung zwischen 72 und 326 PS, bei einem Einstiegspreis von anfangs 32.000 D-Mark (16.000 Euro).
Der Mercedes W126 wurde schon 1981 auf der IAA in Frankfurt vorgestellt. Mercedes-nahe Portale wie s-klasse-club.mercedes-benz-clubs.com sehen diese Baureihe als den »großen Wurf«, automobile.at feierte ihn als »zeitlose Oberklasse«.
Warum auch nicht? Mit fünf Metern Länge bot der Mercedes W126 durch zahlreiche technische Innovationen einen hohen Fahrkomfort. Es ist bis heute das kommerziell erfolgreichste Modell der Oberklasse.
Dazu trug nicht zuletzt die starke Motorisierung bei, auch wenn die Leistungswerte sehr wankelmütig waren. Beispiel: Der Mercedes W126 260 SE mit einem Benzinmotor mit 2,6 Litern Hubraum und sechs Zylindern kam auf eine Leistung von 166 PS und ein Drehmoment von 228 Nm. Deutlich stärker war der Mercedes W126 500 SEC, der ab 1981 auf den Markt kam und bei einem Achtzylinder-Motor eine maximale Leistung von 231 PS vorweisen konnte.
Eine WM prägt den Zeitgeist – und nicht umgekehrt. Für das WM-Jahr 1974 galt das nicht. Der Zeitgeist hatte die erste Weltmeisterschaft auf deutschem Boden fest im Griff. Es herrschte ein Klima der Angst. Vor allem vor einem erneuten Terror-Anschlag, wie es ihn bei den Olympischen Sommerspielen 1972 in München auf die israelische Mannschaft gegeben hatte.

Die Deutschen Fans kamen in Scharen zur WM 1966, hier vor dem Hillsborough-Stadion in Sheffield.

Fantastischer Blick auf den Korso der Vize-Weltmeister, 1966.

Der von Legenden umrankte Mannschaftsbus der BR Deutschland zur WM 1974 und rechts: die Busparade aller teilnehmenden Länder. Mercedes-Benz stellte jeder Nation einen individuell gestalteten Bus zur Verfügung, nach dem Turnier wurden die Fahrzeuge verkauft und gingen in den regulären Betrieb.

BR Deutschland – DDR 0:1 in Hamburg: Ob Franz Beckenbauer sich bei DDR-Kapitän Bernd Bransch (l.) bedankt hat, ist nicht überliefert. Rechts: Paul Breitner.

EIN WM-TITEL OHNE AUTO-KORSO – WANN GAB ES DAS?

Der Deutsche Fußball-Bund (DFB) ging auch deshalb auf Nummer sicher und quartierte, nein, kasernierte die hoch dotierten Fußballstars um Beckenbauer, Paul Breitner und Günter Theodor Netzer in der abgelegenen Sportschule des schleswig-holsteinischen Fußballverbandes in Malente ein.

Ein legendärer Prämien-Streit, der um sich greifende Lagerkoller und schließlich die »Übernahme« als Teamchef durch Beckenbauer nach dem 0:1 im prestigeträchtigen Gruppenspiel gegen die DDR in Hamburg ließen lange keine positive Stimmung aufkommen. Dass Beckenbauer übernahm und Helmut Schön († 1996) zum Verlautbarungs-Bundestrainer (»Franz Beckenbauer ist auch der Meinung ...«) machte, sorgte für eine Wende. Die deutsche Mannschaft konnte sich steigern und wurde mit vier Siegen in Folge – 2:0 gegen Jugoslawien und 4:2 gegen Schweden in Düsseldorf, 1:0 gegen Polen in Frankfurt und nach 2:1 gegen die Niederlande im Finale von München – doch noch Weltmeister.

»Der Jubel war verhaltener als 1954«, hatte der damalige Field-Reporter Dieter Kürten 1982 beobachtet. Und die Angst blieb auch bis nach dem WM-Triumph am 7. Juli 1974 ein schlechter Ratgeber der Macher.

Die Teambusse in den Nationalfarben der Teilnehmer-Natio-
nen vor dem Münchner Olympiastadion.

Juli 2016: Die U19-Nationalmannschaft jubelt im Mercedes-Benz Mannschaftsbus der Weltmeister von 1974. Die Spur des Original-Fahrzeugs hatte sich da längst verloren.

Die WM 1974 hatte auch in der »dritten Halbzeit« ihre Eigenheiten, die sie von allen anderen deutschen Weltmeistertiteln unterscheidet. Es gab keinen Autokorso.
Anders als 1954, 1990 und 2014, als Fritz Walter, Lothar Matthäus, Mats Hummels und Co. in Cabrios respektive in einem Teambus mit dem WM-Pokal durch München, Frankfurt und Berlin tourten und sich den glückseligen Fans zeigten, fehlte diese Parade 1974. Es ging stattdessen mit dem Mercedes-Mannschaftsbus ins Hilton-Hotel.

München, 7. Juli 1974: Geschafft – Sepp Maier und Franz Beckenbauer (l.) mit dem neuen FIFA World Cup.

DER VERSCHOLLENE WM-BUS

Warum? Weltmeister-Torhüter Sepp Maier klärte auf: »Die Autos, VW-Cabrios, standen für uns am Marathontor des Olympiastadions bereit. Aber die Sicherheit war dagegen.«
Das ist eigentlich schade, doch auch der deutsche WM-Bus ist eine Auto-Geschichte für sich. Seine Spur verlor sich vor der Heim-WM 2006, wie das Fußball-Magazin RUND (2005) berichtete.
Klimaanlage, Garderobe, Kühlschränke und Beinfreiheit: Der WM-Bus von 1974, ein Mercedes O 302, war seiner Zeit weit voraus. Er hatte 26 statt 48 Sitze, eine Garderobe, eine Toilette, eine große Küche, Kühlschränke vorne und hinten.
Vermutlich war vor allem die riesige Klimaanlage ausschlaggebend dafür, dass der Bus irgendwann in exotische Länder verschwand. »Mit der Klimaanlage war der geradezu prädestiniert für afrikanische Länder«, meinte Johannes Hübner, der frühere Busfahrer, später Pressechef beim AvD, dem Automobilclub von Deutschland, bei RUND.
Nach der WM fuhr Hübner den Bus viele Jahre lang für das Frankfurter Unternehmen »Gauf Reisen«, bis er Mitte der 1980er-Jahre ausrangiert und verkauft wurde. Wohin, ist unklar.
Über seinen Verbleib kursierten kurz vor der WM 2006 in Deutschland einige Gerüchte. Eine deutsche Schule in Prag soll ihn erst gehabt und dann nach Russland verkauft haben. Andere Beobachter wollten den Bus auf einem Autofriedhof in Kabul, der Hauptstadt Afghanistans, gesehen haben. Oder in Zaire, dessen Team 1974

> »ES WAR EIN HART UMKÄMPFTER, ABER EIN VERDIENTER SIEG DER DEUTSCHEN.«
> LA GAZETTA DELLO SPORT, ITALIEN

selbst einen solchen Bus erhielt. Oder in Kuba. Oder in der Türkei. Schön und gut, aber schriftlich haben wir das auch nicht … »Der Bus aber, mit Klimakasten und Riesenaufschrift: ›BR Deutschland‹, blieb unauffindbar«, hieß es bei RUND.
Die Reisen mit dem DFB-Bus brachten Johannes Hübner in den 1970er-Jahren eine unglaubliche Aufmerksamkeit. Auf jedem Parkplatz, an jeder Raststätte machten Fußballfans Fotos vom Bus – und verwechselten sogar einmal einen Reisenden mit Weltmeister Bernd Hölzenbein.
Ebenfalls besonders: Im Bus hing ein Übersichtsplan, welcher WM-Held wo gesessen hatte, zusätzlich waren die Sitze mit entsprechenden Namensschildchen versehen.

»Fußball-Rentner« Uwe Seeler, 1972 zurückgetreten, am DFB-Bus, WM 1974.

Mailand, 1. Juli 1990: Ein zähes Viertelfinale – BR Deutschland gegen die CSFR mit Jozef Chovanec gegen Jürgen Klinsmann (r.).

Die Weltmeister von Rom am 9. Juli 1990 auf dem Balkon des Frankfurter Rathauses am Römerberg.

EIN SELTSAMER EMPFANG

Reporter-Legende Hartmut Scherzer war 1974 in Frankfurt Augenzeuge eines traurigen Mini-Empfangs. Der (inoffizielle) Weltrekordhalter in Sachen redaktionell betreute Weltmeisterschaften, der studierte Philosoph, war seit 1962 bei allen WM-Endrunden dabei und sagte dem Autor 2026:
»Für den Tag danach war ein Empfang vor dem Frankfurter Römer angesetzt. Rund 10.000 Menschen wollten die Weltmeister feiern. Doch die Münchner hatten keine Lust und blieben zu Hause. Auch die Westdeutschen wollten nichts wie heim. So kam es, dass nur zwei Spieler auf dem Rathausbalkon der jubelnden Menge zuwinkten: Jürgen Grabowski und Bernd Hölzenbein.«
Damit brach der DFB zum unguten Schluss einer erfolgreichen und historischen WM – bis zur nächsten Weltmeisterschafts-Endrunde in Deutschland sollte es 32 Jahre dauern – mit einer für Fans und Spieler lieb gewonnenen Tradition.
Die es auch gab, wenn nach einem Finaleinzug am Ende nicht der Titel heraussprang. Das war auch am 30. Juni 1966 so, nach dem 2:4 nach Verlängerung im Londoner Wembley-Stadion gegen WM-Gastgeber England und dem berühmten »Wembley-Tor« von Geoff Hurst, als der Ball die Unterkante der Querlatte touchierte, aber mit an Sicherheit grenzender Wahrscheinlichkeit die Torlinie nicht in vollem Umfang überschritten hatte.

1966: WIR AUTO-VIZE-WELTMEISTER!

Es war die unglücklichste Vize-Weltmeisterschaft für Deutschland, weil sowohl der dritte Treffer der Engländer als auch das 4:2 von Hurst Sekunden vor dem Schlusspfiff, als bereits siegestrunkene englische Fans auf den »heiligen Rasen« von Wembley gestürmt waren, irregulär waren.
Den Korso durch Frankfurt gab es trotzdem.
Obwohl es damals noch kein offizielles Generalsponsoring gab, stellte Mercedes-Benz die luxuriöse Fahrzeugflotte für den Triumphzug vom Flughafen zum Römerberg zur Verfügung, und obwohl die Niederlage gegen die »Three Lions« den meisten deutschen Nationalspielern noch ins Gesicht geschrieben war, ging es in Mercedes-Benz 300 SE-Cabriolets (W112) durch Frankfurt. Eine halbe Million Menschen war an der Wegstrecke zwischen Frankfurter Flughafen, Mainzer Landstraße und Römerberg.
Bundestrainer Helmut Schön († 1996) und DFB-Mannschaftskapitän Uwe Seeler († 2022) saßen dabei im ersten Auto, leider ohne den 1966 zum vorletzten Mal überreichten Coupe Jules Rimet.

DER MERCEDES-BENZ 300 SE – EIN ECHTES PRESTIGEMODELL MIT STERN

Coupé und Cabriolet der Baureihe W 112 entsprachen technisch den Limousinen. Sie debütierten im Februar 1962, nur ein Jahr nach der Limousine sowie den 111er Coupés und Cabriolets, und blieben bis Dezember 1967 im Programm.
Sie hatten im Gegensatz zu den Limousinen keine modischen Heckflossen, eine niedrigere Dachlinie und wirkten dadurch insgesamt eleganter und zeitloser, was ihnen schon früh einen Klassikerstatus bescherte. Diese Zeitlosigkeit ermöglichte es auch, dass sie praktisch unverändert parallel zu den Nachfolgern der 112er-Limousinen, den S-Klassen der W108/W109-Reihen, gebaut werden konnten. Es entstanden dennoch nur insgesamt 2419 Coupés (Baumuster 112.021) und 708 Cabriolets (Baumuster 112.023).
Dazu kamen auf dem ersten Auto-Korso der deutschen Nationalmannschaft als Vize-Weltmeister noch Wagen der Reihe Mercedes-Benz 250 SE-Cabriolet (W111) zum Einsatz, die etwas schwächer motorisiert waren.
Ab 1965 kamen die Modelle 250 SE-Coupé mit 150 PS (110 kW) mit

Auf dem Korso 1990 durch Frankfurt: Klaus Augenthaler und DFB-Delegationsleiter Horst Schmidt (erster Wagen).

Lothar Matthäus jubelt nach seinem Treffer für Westdeutschland im WM-Viertelfinale gegen die Tschechoslowakei bei der Fußball-WM 1990 – das entscheidende Tor zum 1:0-Sieg.

Mehrere dutzend Exemplare des damals topaktuellen R129 stellte Mercedes-Benz für die Siegesfeierlichkeiten zum WM-Titel 1990 zur Verfügung.

»Hoch auf dem gelben Wagen« – dieser Nationalmannschafts-Evergreen von 1954 galt auch für Weltmeister Guido Buchwald 1990.

1990: Das Mercedes-R129-Cabrio mit den Weltmeistern Thomas Häßler und Bodo Illgner bewegt sich im Schritttempo durch die Fan-Reihen.

Weltmeister! Rudi Völler grüßt aus dem Teambus.

Daumen hoch – Joachim Löw beim Weltmeister-Empfang 2014 in Berlin.

Erst im »Siegerflieger« der Lufthansa, einer Boeing 747-8i (D-ABYI), dann im Team-Bus des Typs Mercedes-Benz Travego: So feierte Deutschland 2014 in Berlin.

Weltmeister mit dickem Arm: Lukas Podolski (l., mit André Schürrle), war das Feierbiest der Sieger von Rio.

Die Personenschützer liefen direkt vor dem Weltmeister-Truck der deutschen Mannschaft…

»Mach ihn! Er maaacht iiihn!!!« - Mario Götze nach seinem 1:0-Siegtreffer in der Verlängerung gegen Argentinien, 13. Juli 2014.

dem M 129 der Baureihe W108 heraus. Die DFB-Elf fuhr also – analog zu 1954 und 1990 – am Puls der Zeit.

DIE AUTOS DER »HELDEN VON BERN«

Zwölf Jahre zuvor, bei der Rückkehr nach der erfolgreichen, beinahe mystischen Fußball-Weltmeisterschaft 1954 in der Schweiz,

> »AUS DEM HINTERGRUND MÜSSTE RAHN SCHIESSEN!«
> REPORTER-LEGENDE HERBERT ZIMMERMANN

sah man die Weltmeister-Brüder Fritz und Ottmar Walter († 2013) beim Triumphzug durch München in Mercedes-Autos, Modell 170 S. Diese Automobile waren als Limousine sowie als Cabriolet A und Cabriolet B erhältlich und die erste mit S bezeichnete Fahrzeugausführung von Mercedes-Benz, wenngleich die Bezeichnung S-Klasse erst 1972 offiziell eingeführt wurde. Sie kamen auf eine Motorleistung von 36 PS.

Viersitzige Cabriolets waren um 1955 selten, sodass der DFB sich für die Parade durch München, die vom Hauptbahnhof zum Marienplatz führte, dafür entschied, den Mercedes-Benz 170 S anzumieten. Pro Auto konnten drei Spieler auf dem Verdeckkasten sitzen. Angeführt wurde der Konvoi vom Wagen mit Bundestrainer Sepp Herberger († 1977), Kapitän Fritz Walter († 2002) und DFB-Präsident Peco Bauwens († 1963). Dieses Auto mit seinen charakteristischen roten Ledersitzen konnte später in Castrop-Rauxel (Nordrhein-Westfalen) bestaunt werden.

Die deutsche Nationalmannschaft und Mercedes-Benz – das war über 46 Jahre der perfekte Doppelpass zwischen DFB und Auto-Partner. Diese Zusammenarbeit begann 1972 und endete zum 31. Dezember 2018.

Seitdem ist Volkswagen der Auto-Partner. Einen Auto-Korso mit einer erfolgreich heimgekehrten DFB-Elf gab es mit den Wolfsburgern aber noch nie.

24 Jahre nach dem Triumph von Rom: Weltmeister 2014 bei »One Night in Rio«.

Rund eine Million Menschen bejubelten am 15. Juli 2014 in Berlin den Mercedes-Benz-Actros-Truck der deutschen Fußball-Weltmeister. Seitdem gab es solche Bilder nie wieder...

EINTRACHT BRAUNSCHWEIG

SO VIEL MEISTER-AUTO-WUNDER WAR NIE

Mitten im deutschen Wirtschaftswunder holte 1967 ein Club die Meisterschale, den fast sämtliche Experten als Abstiegskandidaten Nummer eins getippt hatten: Eintracht Braunschweig. »Die Löwen« stellten auf ihrem Weg zum Titel einige Liga-Rekorde auf und zeigten auf dem Triumphzug die regionale Verbundenheit der Stadt zu Volkswagen. Auch beim Bundesliga-Comeback 2013.

Fritz Walter stand nicht allein. Der deutsche Weltmeister-Kapitän von 1954, aber auch Bundespostminister Richard Stücklen (CSU / † 2002), ein bekennender Anhänger des noch als Rekordmeister firmierenden 1. FC Nürnberg – im Kabinett von Bundeskanzler Ludwig Erhard war der *Kicker* Pflichtlektüre – sahen Eintracht Braunschweig vor dem Saisonstart 1966/67 als ersten Abstiegskandidaten in der Bundesliga.

Auch die Frankfurter Allgemeine Zeitung (F. A. Z.) stimmte in diesen vorzeitigen Abgesang ein: »Das Ausscheiden der Braunschweiger käme – im Sinne der Manager – nur einer folgerichtigen Begradigung der geografischen und wirtschaftlichen Bundesliga-Grenzen gleich. Der Fußball ist eigenwillig genug, um den Braunschweigern und Kaiserslauterern ein weiteres Jahr Aufschub zu gewähren.« Die F. A. Z. und auch andere Kritiker sollten sich gewaltig irren. In der noch jungen, erst 1963 eingeführten deutschen Fußball-Eliteliga lieferte Eintracht Braunschweig

Die Meister-Mannschaft von Eintracht Braunschweig 1967 beim 4:1-Meisterstück über den 1. FC Nürnberg: v.l. Joachim Baese, Torwart Horst Wolter, Lothar Ulsass, Juergen Moll, Peter Kaack, Hans-Georg Dulz, Erich Maas, Klaus Meyer, Gerd Saborowski, Walter Schmidt und Klaus Gerwien.

das bis dahin unglaublichste Meisterstück.
Es sollte erst mit dem Meistertitel des 1. FC Kaiserslautern als Bundesliga-Aufsteiger 1997/98 ein modernes Pendant erhalten.

EINTRACHT BRAUNSCHWEIG: DER MINIMALISMUS-MEISTER

Kein einziger der Bundesliga-Trainer hatte die Braunschweiger im berühmt-berüchtigten Meister-Tipp vor Saisonbeginn auf der Rechnung.
Doch Eintracht Braunschweig sprang direkt am ersten Spieltag, dem 20. August 1966, mit einem 2:0 gegen Werder Bremen auf Rang eins. Nachdem sie die Tabellenspitze am 13. Spieltag ausgerechnet nach einem 2:4 im großen Niedersachsen-Derby bei Hannover 96 abgeben mussten, eroberten sie die Pole Position durch Tore von Lothar Ulsaß, Gerd Saborowski und Erich Maas eine Woche später mit einem 4:1 gegen den Karlsruher SC zurück – und gaben sie ab dem 17. Spieltag, einem triumphalen 4:0 beim 1. FC Nürnberg, nicht mehr ab.
»Wir waren Herbstmeister«, erklärte Eintracht-Torhüter Horst Wolter in einem Interview mit dem Autor für 50 Jahre Bundesliga (2013), »und wir haben es genossen. Aber ganz ehrlich: An den Titel hat dennoch keiner glauben können. Wir waren ja nicht mal eine graue Maus, wir waren eine dunkelgraue Maus, wir waren das Armenhaus der Liga, wir haben noch in unseren Baumwolltrikots gespielt, bei Regen sind die Ärmel eingelaufen ...«
Die Braunschweiger lieferten auf dem Weg zum Titel eine Reihe von minimalistischen Rekorden, die in der Bundesliga teilweise bis heute Bestand haben.
Sie spielten siebenmal 0:0, häufiger »nullte« kein anderer Deutscher Meister. Lediglich sieben Torschützen (Jürgen Moll, Hans-Georg Dulz, Ulsaß, Klaus Gerwin, Wolfgang Grzyb, Maas und Saborowski) schossen Braunschweig zur Meisterschaft.
Nur der VfL Wolfsburg kassierte 2008/2009 so viele Auswärtsniederlagen wie die in fremden Stadien siebenmal unterlegene Eintracht. 49 Tore waren die niedrigste Trefferanzahl aller Zeiten für

Die Meisterschaft von Eintracht Braunschweig ließ die Fans der »Löwen« auch in Sachen Dichtkunst zur Hochform auflaufen.

Auf dem Autokorso, mit heimischem Bier: Co-Trainer Heinz Patzig, Gerd Saborowski und Klaus Meyer. Zur Meisterschaft gab es Freibier an 72 verschiedenen Zapf-Stellen.

Joachim Bäse präsentiert während des Auto-Korsos durch Braunschweig stolz die DFB-Meisterschale.

Auf dem Autokorso: Co-Trainer Heinz Patzig, Gerd Saborowski und Klaus Meyer, stilecht im Porsche 911.

Im Meister-Käfer: Peter Kaack und Walter Schmidt.

einen Bundesliga-Meister, 13-mal gab es in Braunschweiger Spielen 1966/67 keine Tore der Blaugelben. Eintracht Braunschweig gewann nie mehr als drei Spiele in Folge.
Irgendwie passte die Braunschweig-Meisterschaft wie keine andere in die deutsche »Wirtschaftswunder-Zeit«.

DER »EIN-JAHRES-KÄFER«

Das Jahr 1967 brachte einige technische Innovationen. So stieg die Boeing 737, die zum erfolgreichsten Düsenverkehrsflugzeug werden sollte, erstmals in den Himmel auf.
Willy Brandt (»Man hat sich bemüht.«) startete als Vizekanzler 1967 per Knopfdruck das deutsche Farbfernsehen, und Volkswagen brachte den »Ein-Jahres-Käfer« auf den Markt.
Der Käfer des Modelljahres 1967, produziert ab August 1966, besaß einige Merkmale, die dieses klassische Auto nur in diesem Jahr aufwies.
Bei der Motorisierung fiel die Einführung des 1.500-Kubikzentimeter-Motors mit 44 PS (in einigen Märkten auch 1.300er mit mehr Leistung) auf; die Elektrik wurde mit einem Zwölf-Volt-Bordnetz (zuvor sechs Volt) aufgerüstet.
Auch von der Optik her veränderte sich der »Beetle«: Hatte er im Jahr zuvor schon die klassischen »liegenden« Scheinwerfer, so kamen nun die neuen und flacheren Radkappen, die breiteren Rückleuchten und der moderne »VW 1500«-Schriftzug auf dem Motordeckel dazu.
Technisch wartete der Käfer 1967 mit der Einführung von Zweikreisbremsen, einer Sicherheitslenksäule und verbesserter Hinterachsenfederung (Ausgleichsfeder) auf. Bei der Ausstattung fiel ein äußerer Tankverschluss – das Öffnen der Fronthaube beim Tanken war damit passé – sowie neue Türgriffe mit Innensicherung und eine Verbesserung der Heizung ins Auge.
Die 1960er-Jahre waren die einzige Dekade in der Bundesliga, in der es in jedem Jahr einen anderen Deutschen Meister gab. Dem 1. FC Köln im Premierenjahr 1963/64 folgten Werder Bremen 1965, der TSV 1860 München (1966), Eintracht Braunschweig, der 1. FC Nürnberg (1968) und 1969 der aufstrebende FC Bayern München.
Am 3. Juni 1967 war der Braunschweiger Coup perfekt: Deutscher Meister nach einem 4:1 gegen den 1. FC Nürnberg im Stadion an

der Hamburger Straße.
Joachim Bäse († 2020) durfte als Kapitän von Eintracht Braunschweig die DFB-Meisterschale in Empfang nehmen – mit einem kleinen Fauxpas. Bäse hielt »die Salatschüssel«, wie sie der spätere Braunschweiger Star Paul Breitner (»Ich tue Euch jetzt den Gefallen und gehe.«) taufte, zunächst verkehrt herum in den Sommerhimmel. Erst DFB-Präsident Hermann Gösmann wies Bäse darauf hin.
Kleine Schönheitsfehler, die an so einem Feiertag vergeben sind – Fernando Meira vom VfB Stuttgart passierte das 2007 übrigens auch.
Danach ging es auf den Meisterkorso. 15.000 Fans warteten am Altstadtmarkt auf die Sensationsmeister. Wie der Layouter Manfred »Ballo« Schönball, der als junger Student in einem Altstadtlokal kellnerte: »Nie habe ich mehr Trinkgeld erhalten als an diesem Tag.«

BRAUNSCHWEIG-TITEL MACHTE DIE AUTOS GÜNSTIGER

Auch ein Braunschweiger Autohaus zeigte sich spendabel. »In der Meisterschaftswoche: Jeder Wagen 100 Mark billiger«, hieß es da auf dem Schaufenster.
Die Meisterfahrt von Eintracht Braunschweig erstreckte sich über fünf Kilometer. »Zehntausende Fans säumen die Straßen, quetschen sich auf die Balkone und stehen auf Dächern, um die Meister zu sehen«, beschreibt es das *Kicker*-Sonderheft *Die Meister-Helden – 50 Jahre Braunschweigs Meisterstück von 1967* (2017), »selbst einsetzender Regen kann die Stimmung der Niedersachsen nicht trüben.«
In zehn Käfer-Cabrios waren die Meisterspieler um Horst Wolter, Joachim Bäse, Peter Kaack, Jürgen Moll, Erich Maas und den unvergessenen Lothar Ulsaß († 1999) unterwegs. Stürmer Gerd Saborowski saß neben Verteidiger Klaus Meyer († 2014), Ehrenpräsident Dr. Kurt Hopert teilte sich mit Ulsaß und Meister-Torhüter Horst »Luffe« Wolter einen Wagen.
»Nichts war von der Kühle, der Zurückhaltung der Norddeutschen zu spüren«, bilanzierte der NDR am 3. Juni 1967, »es herrschte südländische Begeisterung in der Stadt Heinrichs des Löwen.«
Im ersten Wagen, der am Eintracht-Stadion losfuhr, waren Meistertrainer Helmuth Johannsen († 1998), Kapitän Bäse, Vereinspräsident Ernst »Balduin« Fricke – und natürlich die Schale.
Fricke gilt als Miterfinder der berühmten »Jägermeister«-Trikotwerbung. Der Eintracht-Patriarch starb 1978 mit 71 Jahren an einem Herzinfarkt, den er während einer Autofahrt nach Bad Harzburg erlitt.
Das Kicker-Sportmagazin berichtete am 5. Juni 1967 vom Autokorso und dem Besuch bei Oberbürgermeister Bernhard Ließ. »Wir gratulieren«, lautete die dazugehörige Titelzeile. Das klang nach den schlechten Vorhersagen vor der Saison fast entschuldigend.
Joachim Bäse, vom DFB-Präsidenten bei der Schalenübergabe als »Achim Bähre« vorgestellt, stellte anschließend nicht ohne Genugtuung fest: »Unser prophezeiter Untergang ist nicht erfolgt.«
»Fußballruhm dauert nur eine Woche«, lehrt der große Otto Rehhagel, Sensations-Meistermacher mit Kaiserslautern 1998. Doch Braunschweigs Erfolg war keine »Eintagsfliege«. Über die Stationen

Die Meister-Helden auf einem überdimensionierten Fußball – in Braunschweig kannte die Begeisterung 1967 keine Grenzen.

Meister-Autokorso 1967: Meister-Trainer Helmuth Johannsen mit der Schale.

Bundesliga-Rückkehr 2013: Jubelnde Braunschweiger (l.), Autokorso mit VW Golf CABRIO durch die Löwenstadt (m.) und die Fans umlagern den Mannschaftsbus der Eintracht (re.).

Dinamo Tirana (kampflos) und Rapid Wien (0:1 / 2:0) schaffte es der Überraschungstitelträger 1968 bis ins Viertelfinale des Europapokals der Landesmeister – und scheiterte nach 3:2 und 0:1 in Italien erst im dritten Spiel mit 0:1 an Juventus Turin.
Braunschweig und Volkswagen – kaum ein anderer deutscher Bundesligist kann eine stärkere Verbundenheit zu einem regionalen Autobauer vorweisen als die »Löwen«.
Schon 1938 entstand in Braunschweig das sogenannte »Vorwerk« des VW-Betriebs; das Eintracht-Stadion an der Hamburger Straße liegt in unmittelbarer Nähe.

BRAUNSCHWEIG 2013: ALS AUFSTEIGER IM GOLF-CABRIO UNTERWEGS

Stand 2024 arbeiteten im VW-Standort Braunschweig 7.000 Menschen; es ist bis heute der größte Industriebetrieb der Löwenstadt. Bis Eintracht-Profis wieder in wartende Volkswagen-Cabrios steigen durften, um einen epochalen Erfolg zu feiern, dauerte es bis zum 20. Mai 2013.
Mit dem 1:0-Erfolg beim FC Ingolstadt am 26. April 2013 meldete sich Eintracht Braunschweig nach 28 Jahren in der Zweit- und Drittklassigkeit wieder in der Bundesliga zurück. Es folgte ein dreiwöchiger Partymarathon bei den Fans, ehe die Mannschaft des pfälzischen Trainers Torsten Lieberknecht in Volkswagen Golf Cabriolets zum Braunschweiger Schlossplatz chauffiert wurde, wo 35.000 Anhänger auf die Aufstiegshelden um Top-Torjäger Domi Kumbela (19 Saisontreffer), Marc Pfitzner und »Eisen-Ermin« Bičakčić warteten.
»Ich habe es damals tatsächlich nie für möglich gehalten, dass die Jungs den Aufstieg schaffen können«, räumte Horst Wolter 2017 in einem *Kicker*-Interview ein, »obwohl Marc Pfitzner in der Kneipe Bei Conni neben mir saß und ganz enthusiastisch und überzeugt davon war. Vielleicht hat er sich da ein bisschen gefühlt wie wir uns vor 50 Jahren.«
Ja, vielleicht. Die Autos von Eintracht Braunschweig kamen natürlich auch 2013 von Volkswagen. Das Golf VI Cabriolet war mit Ottomotoren von 77 bis 195 kW (105 bis 265 PS) und Dieselmotoren von 77 bis 110 kW (105 bis 150 PS) erhältlich. Mitte 2012 kam das GTI-Cabrio hinzu und im Frühjahr 2013 eine R-Variante mit 195 kW (265 PS).
Torsten Lieberknecht, der in einem Golf Cabrio in den Vereinsfarben Blau und Gelb saß, wurde beim Aussteigen und mit Blick auf die Fanmassen von seinen Emotionen übermannt und vergoss Freudentränen. »Dieser Verein«, sagte Lieberknecht später, »lebt extrem von seiner Emotionalität.«
Und von seinen Autos.

Braunschweigs Trainer Torsten Lieberknecht und Co-Trainer Darius Scholtysik werden am 20. Mai 2013 im Auto vor dem Schloss in Braunschweig zur Aufstiegsfeier auf die Bühne gefahren. Das VW New Beetle Cabrio erhielt eigens eine spezielle Beklebung.

RB SALZBURG

AUTOS, KLOPP & TORE AUS HANGAR 7

Mit dem Einstieg von Red Bull in Salzburg 2005 änderten sich die Rahmenbedingungen im österreichischen Fußball schlagartig. Ein weiterer Meilenstein war die Verpflichtung von Erfolgstrainer und Auto-Markenbotschafter Jürgen Klopp zum Jahresbeginn 2025.

Hangar 7 – ein fast schon mythischer Ort in Salzburg. Hier stehen sie, die historischen Rennwagen und Flugzeuge, die der 2022 verstorbene Red-Bull-Gründer Dietrich »Didi« Mateschitz hat sammeln lassen. 2003 eröffnet, lockt das Multifunktionsgebäude an der Ostseite des Flughafens Salzburg jährlich rund 200.000 Besucher an.

Zu den dort gezeigten Autos gehören unter anderem die Red-Bull-Rennwagen wie der »Racing Bulls VCARB 02«, gebaut für die Formel-1-Rennsaison 2025, oder der 1995 gefahrene C14 des Sauber-Rennstalls mit dem Österreicher Karl Wendlinger und dem deutschen Formel-1-Piloten Heinz-Harald Frentzen im Cockpit. Auch der Red Bull X10 von Weltmeister Sebastian Vettel ist zu sehen.

Fußball- und Motorsportstars gehörten hier seit Oktober 2009 und der Erstausstrahlung von »Sport & Talk aus dem Hangar 7«, einer Art »Doppelpass« in Österreich, zu den Gästen.

Die Formel-1-Mehrfachweltmeister Max Verstappen und Sebastian Vettel sprachen hier über Motorsport, ebenso der Fußballprofi Christian »Schlangen-Fuchser« Fuchs, der 2016 mit

Der Salzburg-Macher: Christoph Freund präsentiert den österreichischen Meisterteller – 2023 wechselte er zum deutschen Rekordmeister FC Bayern München.

Leicester City die überraschendste Meisterschaft der englischen Premier League feiern durfte.
Welcher Platz konnte also besser sein, als Jürgen Norbert Klopp vorzustellen? Der »Welttrainer des Jahres« 2019 und 2020, der Champions-League-Coach des FC Liverpool von 2019 und der Trainer, der Borussia Dortmund 2012 zum historischen »Double« führte, lieferte bei seiner ersten Presserunde in Salzburg ein echtes Sprüchefeuerwerk (siehe Kasten). 150 Journalisten aus aller Welt waren für die Klopp-Vorstellung, die er über 90 Minuten und komplett auf Englisch abhielt, akkreditiert.

»RED BULL HAT DIE BESTE VERPFLICHTUNG GEMACHT«

Im Oktober 2024 – den Autor erreichte diese Nachricht auf einer Rundreise durch Irland und Nordirland – gab der Red-Bull-Konzern die Verpflichtung des im Frühjahr gleichen Jahres beim Liverpool Football Club ausgeschiedenen Startrainers Jürgen Klopp als »Head of Global Soccer«, als globalen Fußballchef, für 2025 bekannt. Unter anderem war der neue Mann zuständig für RB Leipzig, Red Bull Salzburg und New York Red Bulls sowie für den Ligue-1-Newcomer Paris FC.

JÜRGEN KLOPP BEI RED BULL – DAS WAR EIN COUP.

In Deutschland wurde dieser Wechsel – wie üblich – von den sogenannten »Traditionalisten« gegeißelt und beinahe kriminalisiert. »Zebrafuchs« Michael Höfken lamentierte bei X (ehemals Twitter): »Diese Entscheidung zerstört wieder etwas in mir. Nicht, weil ich Klopp so mag. Weil das Pendel in meinem geliebten Fußball inzwischen zu 90 Prozent in die falsche Richtung ausschlägt. Jeder ist käuflich. Es ist so traurig, was in 30 Jahren alles schiefgegangen ist.«
Tja, vielleicht aber auch nicht. Bundesliga-Legende Jan Age Fjörtoft, Retter von Eintracht Frankfurt 1999 mit einem legendären Übersteiger-Tor gegen Lautern (5:1), als Experte für den österreichischen Sender Servus TV im Einsatz, sah es komplett anders: »Red Bull hat die beste Verpflichtung gemacht. Mit seinem Charisma, seiner Energie. Er ist perfekt für den Job. (...) Er ist ein Geschenk für unseren Sport.«
»Der Rummel in Salzburg spricht für sich«, schrieb Österreichs ehemaliger Rekordnationalspieler Andreas Herzog (56/103 Länderspiele) in einer Kolumne der Kronen Zeitung, »Red Bull ist mit der Verpflichtung von Jürgen Klopp ein genialer Schachzug gelungen.« In den österreichischen Medien wurde »Der Super-Coup« (Kronen

Karim Konaté und Moussa Yeo vor einem Audi in der Red-Bull-Arena in Salzburg.

John Mellberg, Yorbe Vertessen und Co zeigen: Auto-Werbung in Österreich kann extrem lässig sein.

Zwischen 2014 und 2023 agierte RB Salzburg im österreichischen Fußball praktisch konkurrenzlos.

Auch deutsche Profis wie Niko Kovac (m., mit dem Meisterteller) und Alexander »Zico« Zickler (l.) gingen mit Salzburg auf Meisterkorso, hier 2009 im Audi TT RS… Rechts: Marc Janko.

Die Meister-Bierdusche hat auch in Salzburg Tradition, hier erwischt es 2021 Geschäftsführer Stefan Reiter.

Salzburger Meisterkorso im Schatten der bengalischen Feuer, Franz Franky Schiemer 2015 im Audi A8.

Zeitung am Sonntag, 20. Oktober 2024) gefeiert: »Von Medien und Fans verehrt. Vom sportlichen Erfolg verfolgt. Ein authentischer Rockstar unter den Trainern. Jetzt soll Jürgen Klopp dem Red-Bull-Imperium Flügel verleihen.«
»Wir sind sehr stolz auf die sicherlich stärkste Verpflichtung in Red Bulls Fußballgeschichte«, sagte der frühere RB-Leipzig-Vorstandschef und damalige Red-Bull-Konzerngeschäftsführer Oliver Mintzlaff, »er ist eine der größten und einflussreichsten Persönlichkeiten des Weltfußballs, mit außergewöhnlichen Fähigkeiten und Charisma.«

JÜRGEN KLOPP BEIM GRAND PRIX IN SPIELBERG: »LAUT, CHAOTISCH, FANTASTISCH!«

Und er ist ein Autofan. Bei Borussia Dortmund Markenbotschafter für den BVB-Autopartner Opel, sah man Jürgen Klopp im Juni 2025 beim Großen Preis von Österreich in Spielberg (Steiermark). Das Heimrennen von Red Bull, das sich zwischen 1987 und 1997 komplett aus dem Rennkalender der Formel 1 verabschiedet hatte, gehört zu den prestigeträchtigsten und wichtigsten Sportevents in Österreich.
»Für mich als Sportfan bisher zehn von zehn Punkten«, jubelte Klopp bei seinem Premierenbesuch auf dem Red-Bull-Ring, »laut, chaotisch, fantastisch.«

Einem Mittagessen mit Red-Bull-Erbe Mark Mateschitz und Oliver Mintzlaff schloss sich ein Besuch im Motorhome und in der Red-Bull-Garage an.
Klopp tauschte sich mit Weltmeister Max Verstappen aus, und mit Formel-1-Legende Dr. Helmut Marko philosophierte er über die Gemeinsamkeiten zwischen Fußballstars und Formel-1-Piloten. »Wir haben uns darüber unterhalten, welche Parallelen es zwischen Fahrern und Spielern gibt. Wie man sie mental unterstützen kann, wenn sie eine schwere Phase haben«, verriet Dr. Marko anschließend bei Sky.

DAS »KLOPPOCAR« IN LEIPZIG – EINE ATTRAKTION

Mit dem Engagement bei Red Bull rückte auch das Auto wieder in den Fokus, das nach dem Mann benannt wurde, der als Synonym für sportlichen Erfolg, Authentizität und für die ironisch-intelligente Brechung des bierernsten Fußballgeschäfts steht: »das Kloppocar«.
Es stammt noch aus der Zeit von »Kloppo« als Trainer von Mainz 05, wo er – passend – am Rosenmontag 2001 unverhofft als Nachfolger des entlassenen Eckhard Krautzun ins Amt kam und den selbst ernannten »Karnevalsverein« 2004 in die Bundesliga coachte und 2005 per »Wildcard« nach Europa brachte. 2008 wechselte er zu Borussia Dortmund.

Boah, ist das kalt – auch Salzburg-Juwel Karim Adeyemi (l.) bekam das Meister-Bier ab, hier nach dem Heimspiel gegen Austria Wien am 24. April 2022.

Hatte Klopp wenige Tage nach seiner Vorstellung in Salzburg beim Antrittsbesuch in Leipzig ein fulminantes 4:2 der »Roten Bullen« gegen Werder Bremen als Tribünengast verfolgt, so sah man das »Kloppocar«, einen Mini Cooper, dann im November 2025 in der »Heldenstadt«.

Auf dem Gelände von RB Leipzig am Cottaweg verewigten sich die Profis von RBL um den deutschen Nationalspieler David Raum mit ihrer Unterschrift auf der Karosserie des »berühmtesten Autos des deutschen Fußballs«.

Die Aktion in Leipzig war ein Beitrag zu einem Spendenprojekt, das inzwischen mehr als eine Million Euro für benachteiligte Kinder eingespielt hat. Auch wenn die »Traditionalisten« es nicht gern hören: Dass das »Kloppocar« in Leipzig vorfährt, hat Tradition. 2020 war es schon einmal zu Gast.

Obwohl Klopp bei Red Bull keinen offiziellen Dienstwagen fährt, war der Mini Cooper damals sein vom FSV Mainz 05 zur Verfügung gestellter Wagen. Dresdner Fußballfans kauften das Auto 2019 und ließen es vom Dresdner Maler Erik Born zu einem auffälligen Kunst- und Charity-Objekt umgestalten. Seither tourt das Auto quer durch Deutschland, sammelt Unterschriften von Prominenten und wandelt jede Signatur in Spenden um.

Unter den Promis, die ihre Signatur auf das »Kloppocar« gesetzt haben, sind zahlreiche Fußballstars und der englische Musiker und Newcastle-United-Fan Gordon Matthew Thomas Sumner, genannt Sting (Weltkarriere unter bürgerlichem Namen nicht möglich).

Die Red-Bull-Klubs mussten ungeachtet der Präsenz von Jürgen Klopp im Konzern sportliche Rückschläge hinnehmen. Vor allem den Vorzeigeklub aus Salzburg traf es hart.

Im August 2025 verpasste Red Bull Salzburg nach einem 2:3 bei Club Brugge in Belgien (Hinspiel: 0:1) die Champions-League-Teilnahme und war auch in der Europa League nach der Ligaphase früh draußen.

Den Salzburger Bullen drohte bei Drucklegung dieses Buches eine titellose Saison 2025/2026, denn auch im ÖFB-Cup verloren sie im März 2026 das Halbfinale – und das passierte ihnen gegen den Außenseiter SCR Altach (0:1). »Nach 96 Minuten stand die Fußballwelt in Österreich Kopf«, schrieb die Krone am 6. März 2026, »Underdog Altach hatte den Aufstieg ins Cupfinale geschafft, gegen Österreichs reichsten Klub.«

Stimmt. Der Red-Bull-Klub schaffte es auch schon vor der Verpflichtung von Jürgen Klopp, die Besten in die Mozartstadt zu holen. Spieler wie der Ungar Dominik Szoboszlai, der Slowene Benjamin Šeško (beide zu RB Leipzig), der US-Amerikaner Brenden Aaronson (Leeds United), Karim Adeyemi (BVB) und Patson Daka aus Sambia brachten bei ihren Transfers zu Leicester City RB Salzburg stets Einnahmen jenseits der 30-Millionen-Euro-Marke ein.

Die Spieler von Red Bull Salzburg feiern am 23. März 2014 nach dem Liga-Spiel gegen Wiener Neustadt mit der Meisterschale in der Red Bull Arena.

Autokorso der Spieler von Red Bull Salzburg bei der Meisterfeier am 26. Mai 2019 vor Schloss Klessheim in Salzburg.

Salzburgs größter Transfer: Erfolgstrainer Jürgen Klopp betritt als neuer »Head of Global Soccer« den Hangar 7. Januar 2025, im Hintergrund eine MBB Bo105.

Klopp beim Formel-1-Grand-Prix von Österreich auf dem Red-Bull-Ring in Spielberg (Steiermark) am 29. Juni 2025.

Von 2021 bis 2024 Dauergast in der Champions League und mit zehn österreichischen Meisterschaften in Folge zwischen 2014 und 2023 setzte der Klub, der 2005 aus einer hundertprozentigen Übernahme der Salzburg Sport AG hervorgegangen war und am 3. Juni 2005 als FC Red Bull Salzburg neu konstituiert wurde, neue Maßstäbe in der Alpenrepublik.
Auch in Europa. War der bisherige Lizenznehmer SV »Casino« Salzburg 1994 in den UEFA-Pokal-Finalspielen gegen Inter Mailand (0:1 in Wien, 0:1) unterlegen, so verblüffte Red Bull Salzburg 2018 mit dem Run bis ins Halbfinale. Hier musste man sich Olympique Marseille im Rückspiel erst in der Verlängerung (2:1/Hinspiel: 0:2) geschlagen geben. Im Viertelfinale lieferten die »Salzburger Bullen« mit dem 4:1 gegen Lazio Rom in der Red Bull Arena in Wals-Siezenheim eines der epischsten Europapokalspiele der österreichischen Fußballgeschichte. Mit Treffern von Stefan Lainer, dem Israeli Munas Dabbur, Amadou Haidara und Hee-chan Hwang drehte RBS das 2:4 aus dem Hinspiel in Rom noch um.

2:1 GEGEN DEN BVB – RED BULL SALZBURG SCHREIBT GESCHICHTE

Die »Traditionalisten« von Borussia Dortmund, die mit dem deutschen Red-Bull-Klub Leipzig besonders eine Dauerfehde pflegen, verloren im Achtelfinale sang- und klanglos mit 1:2 im riesigen Westfalenstadion (Rückspiel: 0:0). Was für ein Triumph für die Salzburger. Entsprechend war am 9. März 2018 das Presseecho in Österreich.
»Überhebliche deutsche Stars von Salzburg bestraft: Sie sind zum Teil überheblich aufgetreten, die Stars von Borussia Dortmund, haben, wie auch Sky-Experte Andi Herzog bemerkte, gegen einen österreichischen Klub einfach nicht so viel nach hinten arbeiten wollen. Dazu hatten offenbar auch die deutschen Fans nicht wirklich Respekt vor Österreichs Meister – schlechteste Kulisse seit 2010, »nur« 50.000 Zuschauer in Dortmund. Und: Der Klub lehnte es vor dem Duell ab, einen gemeinsamen Fanschal produzieren zu lassen. Man wolle nicht zusammen mit einem »Red Bull«-Logo zu sehen sein. Das alles wurde mit dem 2:1-Sieg von Red Bull Salzburg bei Dortmund im Achtelfinal-Hinspiel der Europa League bitterböse bestraft«, schrieb die Kronen Zeitung.
Der Wiener Kurier: »2:1 in Dortmund – Salzburg schreibt Geschichte: Der Meister feiert als erster österreichischer Klub im Europacup einen Sieg in Deutschland.«
Red Bull Salzburg – als österreichisches Team von internationalem Format und dank überragender Talentförderung überholte man die Konkurrenz aus Wien praktisch rechts. Die U19 der Salzburger Bullen holte 2017 mit dem Gewinn der UEFA Youth League dank »Jungbullen« wie Amadou Haidara, Patson Daka, Hannes Wolf oder Mergim Berisha den ersten Europacuptitel für Österreich, wenn auch nur bei den Junioren.
Seit 2012 ging nur noch ein einziger Meistertitel in die österreichische Hauptstadt: Der FK Austria Wien aus dem 10. Gemeindebezirk Favoriten war 2013 Titelträger.

Klopp, Tore und Talk aus Hangar 7: Oliver Mintzlaff, Geschäftsführer Red Bull GmbH (r.) und Moderator Christian Baier sprechen über den Transfer-Coup mit Jürgen Klopp (m.).

RAUSCHENDE SALZBURGER CHAMPIONS-LEAGUE-FESTSPIELE

Die Champions-League-Abende mit RB Salzburg sorgten für einen Imagewandel. Diese Spiele zogen ab 2019 ganz Österreich in den Bann. Wenn man im Zeitschriftenladen (Trafik) auf Fußball oder gar auf Red Bull Salzburg angesprochen wurde, dann musste schon etwas Besonderes passiert sein …

Salzburg trumpfte auf. Auch, weil sie ihn hatten: Erling Braut Haaland. Der damals 19 Jahre alte Sturmbulle aus Norwegen wurde mit drei Toren beim 6:2 gegen KRC Genk am 17. September 2019 und zwei weiteren Treffern zum ersten Spieler der Champions-League-Geschichte, der in seinen ersten zwei Auftritten fünf Torerfolge feiern durfte.

»Wenn Salzburg in der Champions League spielt, da brauchen wir gar net zu diskutieren, da halten wir alle zusammen, da ist die Stimmung so richtig lässig«, sagte Leonhard Stock, österreichischer Abfahrts-Olympiasieger von 1980 in Lake Placid, nach dem 2:1-Heimerfolg gegen den OSC Lille am 29. September 2021 bei Servus TV. In einer starken Gruppe mit dem FC Sevilla, Lille und dem VfL Wolfsburg kamen die Salzburger damals als Tabellenzweiter ins Achtelfinale.

Sie trotzten in ihrem ersten Knockout-Spiel in der »Königsklasse« dem großen Nachbarn FC Bayern München im Hinspiel (Rückspiel: 1:7) ein respektables 1:1 ab. Es war ein Spiel, das im Februar 2022 auf deutscher und österreichischer Seite die Fans richtig mitriss, wie es der Autor damals beim Portal Fussballdaten.de beschrieb. Salzburg führte bis in die 90. Minute mit 1:0 durch ein Tor des österreichischen Nationalspielers Junior Adamu …

ZEHN JAHRE MEISTERKORSO

Ab 2014 rollte der Salzburger Meisterkorso über eine Dekade durch die Festspielstadt. Die Fans konnten ihre Stars wie die Admiral-Bundesliga-Schützenkönige Jonatan Soriano, Dabbur oder den Münchner Karim Adeyemi und die ÖFB-Meisterschale hautnah und in Audi Cabriolets bejubeln.

Die Autopartnerschaft mit dem Traditionsautobauer aus Ingolstadt besteht seit 2005, also praktisch seit Beginn der Red-Bull-Ära im österreichischen Fußball.

Zu den Meisterumzügen der »Roten Bullen« setzten die Ingolstädter speziell gebrandete Audi Q8 e-tron ein. Der Audi Q8 e-tron war bis 2025 ein produziertes, batterieelektrisch angetriebenes SUV der oberen Mittelklasse, das der Audi AG zuzuordnen war. Das Modell wurde am 17. September 2018 in San Francisco vorgestellt. Die Auslieferung begann im März 2019.

Im November 2022 wurde der Name von Audi e-tron bzw. e-tron S auf Q8 e-tron bzw. SQ8 e-tron geändert. Der Antrieb erfolgte über die in Vorder- und Hinterachse integrierten Asynchronmaschinen mit einer Systemleistung von 300 kW (408 PS) und einem maximalen Drehmoment von 664 Nm im Boost-Modus. Wurde der Wagen nicht im Boost-Modus betrieben, lag die über 60 Sekunden zur Verfügung stehende Peak-Leistung bei 265 kW und das maximale Drehmoment bei 561 Nm.

»WIR WOLLEN DIE BESTEN SEIN«

Im Juli 2024 verlängerten der FC Red Bull Salzburg und Audi Österreich ihre Zusammenarbeit um drei weitere Jahre. Für Thomas Beran, Markenleiter von Audi Österreich, keine Überraschung: »Beide Partner profitieren von technologischer Expertise, Förderung junger Talente und erweiterten Marketingmöglichkeiten. Audi bringt fortschrittliche Technologien und globale Präsenz ein, während der FC Red Bull Salzburg sportliche Spitzenleistungen und eine starke Fanbasis bietet.« Stephan Reiter, Geschäftsführer des FC Red Bull Salzburg, ergänzte damals: »Beide Marken streben nach Spitzenleistungen in ihren Bereichen und wollen die Besten sein. Wir können uns also gegenseitig Impulse geben, wie man durch fortschrittliche Herangehensweisen und starkes Teamwork seine Position ausbaut.«

Schon 2021 – also in dem Jahr, in dem die Red Bull Arena durch MOON mit internen wie auch öffentlichen Ladepunkten aufgerüstet wurde – war der von Audi zur Verfügung gestellte Fuhrpark für den FC Red Bull Salzburg bereits zur Hälfte elektrifiziert. Auch in den kommenden Jahren werden vollelektrische Fahrzeuge ebenso wie Plug-in-Hybrid-Varianten aus diversen Baureihen den Club sicher und umweltfreundlich an sein Ziel begleiten. Zudem erhielt ein Audi Q8 e-tron im Rahmen der Kooperation eine wortwörtlich elektrisierende Folierung im Stil des neuen Auswärtstrikots.

Das Engagement von Jürgen Klopp bei Red Bull wurde nicht zuletzt von Österreichs Medien gefeiert (unten).

Meisterfeier von RB Salzburg 2010: Milan Dudic (l.), Louis Ngwat und Maskottchen »Bully di Bumm« im offenen Audi (oben rechts).

Mads Bidstrup (3. v. l.) führte RB Salzburg in der Saison 2025/2026 als Kapitän (unten rechts).

A5 Cabriolet

7
13

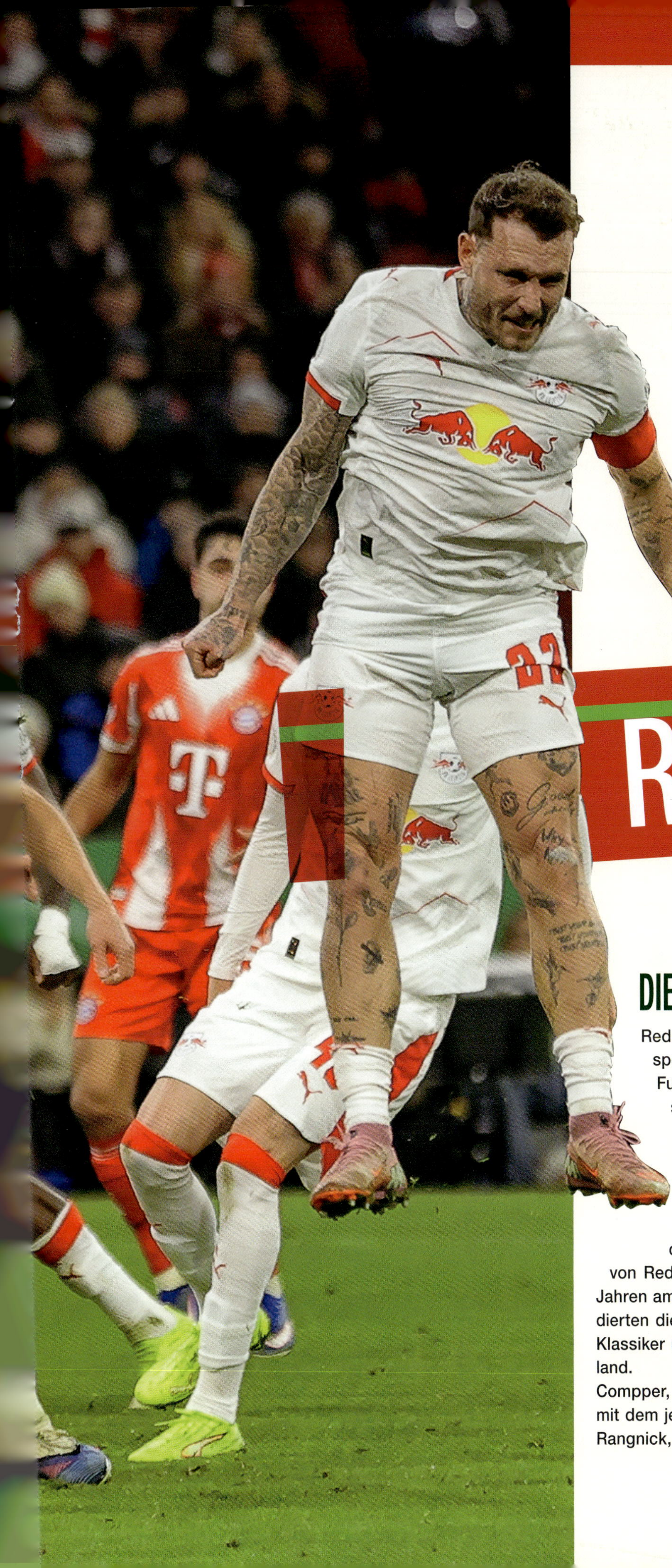

RB LEIPZIG

DIESE AUTOS VERLEIHEN FLÜGEL

Red Bull – Der österreichische Gigant dominiert den Motorsport respektive die Königsklasse Formel 1. Aber auch im Fußball hat er längst neue Maßstäbe gesetzt. »RasenBallsport« Leipzig als High Flyer der deutschen Bundesliga polarisiert bei den gegnerischen Fans – und begeistert die eigenen Anhänger mit selbst entwickelten Stars und innovativen Meister-Autos.

Extrem befreiend – so empfand Marvin Compper im Mai 2016 den ersten Triumphzug von RB Leipzig durch die »Heldenstadt«. Der erst 2009 als Fußball-Franchise von Red Bull gegründete Verein aus Leipzig war nach sieben Jahren am Ziel: Erste Bundesliga. »Nie mehr Zweite Liga«, skandierten die Fans, und »Zieht den Bayern die Lederhosen aus« – Klassiker unter den Gesängen der Fußballanhänger in Deutschland.

Compper, der schon 2008 beim Gipfelsturm von 1899 Hoffenheim mit dem jetzigen Leipziger Aufstiegstrainer, dem Schwaben Ralf Rangnick, zusammengearbeitet hatte, blickte vom roten Doppel-

Zehntausende Fans feiern RB Leipzig am 22. Mai 2022 auf den Straßen der Stadt nach dem DFB-Pokalsieg gegen den SC Freiburg.

Auch Maskottchen »Bulli« durfte den Autokorso nach den Pokalsiegen 2022 und 2023 mitmachen.

deckerbus auf 5.000 wartende Fans und sinnierte: »Das ist bombastisch. Das zeigt, welch schlafenden Riesen wir jetzt geweckt haben.«

Wer nach Leipzig zum Fußball kommt, der kann, egal ob als Fan oder Reporter, auf kurzem Weg mit dem Taxi vom Hauptbahnhof zur Red Bull Arena fahren. Die Meinung der Taxifahrer ist auf dieser Fahrt immer auch ein Stimmungsbarometer, wie der Autor selbst erfuhr. Er unterhielt sich 2017 gegen 1899 Hoffenheim (2:1) in aller Seelenruhe mit dem Taxifahrer über Weltmeister-Trainer Joachim Löw. Der Fahrer, der Ralf Rangnick nach der Aufstiegsparty nach Hause chauffierte, sah klar: »Sie wissen gar nicht, was Sie für uns und die ganze Region erreicht haben. Ein ganz besonderer Moment.«

Diese Worte musste sich der »Fußball-Professor« Rangnick, der im Dezember 1998 live im ZDF-»Sportstudio« als Trainer des SSV Ulm 1846 die innovative Viererkette erklärte und damit unbewusst eine neue Ära im daniederliegenden deutschen Fußball eingeläutet hatte, gemerkt haben.

Er holte den Österreicher Ralph Hasenhüttl, der 2015 mit dem FC Ingolstadt einen Klub aus einer echten deutschen Autostadt in die Bundesliga geführt hatte, als neuen Coach.

Eine kluge Entscheidung. RB Leipzig wurde mit Hasenhüttl Vizemeister 2017 und damit der erste Bundesliga-Neuling, der sich auf

Christopher Nkunku von RB Leipzig im Zweikampf mit Lucas Tuta von Eintracht Frankfurt beim DFB-Pokalfinale am 3. Juni 2023 in Berlin.

Typisch Red Bull: Motorradstunts auf dem Fan-Fest auf dem Hammarskjöldplatz in Berlin im Vorfeld des DFB-Pokalfinales gegen den SC Freiburg im Mai 2022.

Anhieb für die Champions League qualifizieren konnte. Der wurde 1998 zwar als Aufsteiger Deutscher Meister und spielte in der »Königsklasse«, war aber selbstverständlich kein Newcomer.
Der Autor begleitet RB Leipzig seit der Premieren-Saison 2016/2017 für die Portale bullenblog.com und Fussballdaten.de. Sein Urteil: Die kalte Verachtung für RB Leipzig ist typisch deutsch. Zwischen 2009 und dem Abstieg von Energie Cottbus bis zur Premiere der »Roten Bullen« 2016 kam über Jahre kein Bundesliga-Klub mehr aus Ostdeutschland.
RB Leipzig wurde – allen Protesten und dem orchestrierten Zorn der sogenannten »Traditionalisten« zum Trotz – zu einem Fußball-Leuchtturm in den neuen Bundesländern. Die Dankbarkeit der Fans über Bundesliga-Fußball in Leipzig – der erste Anlauf ging 1993/94 in den abenteuerlichen Nach-Wende-Jahren mit dem VfB Leipzig komplett daneben – ist bis heute in der Stadt spürbar. Bundesliga ist in Leipzig immer noch etwas Besonderes.
RBL setzte sich von Anfang an in der Spitzengruppe der Liga fest, entwickelte mit Trainer-Masterminds wie Ralf Rangnick, Alexander Zorniger oder Julian Nagelsmann eine Reihe von deutschen Nationalspielern und internationalen Stars. David Raum, Diego Demme, Timo Werner sowie die allesamt für mindestens 60 Millionen Euro in die englische Premier League transferierten Legionäre Naby Keïta, Christopher Nkunku, Xavi Simons, Dominik Szoboszlai, Benja-

min Šeško und Joško Gvardiol seien genannt.
Das RB-Leipzig-Bashing blieb auch bei der Bundesliga-Aufstiegsfeier im Anschluss an die denkwürdige Busfahrt nicht aus. Die für einen Auftritt am Leipziger Marktplatz engagierte Ostrock-Band Silly (Nomen est Omen) hielt es wohl für besonders sinnig, in Trikots von Dynamo Dresden, Hansa Rostock und Union Berlin auf die Bühne zu kommen. »Das wurde als Provokation wahrgenommen«, schrieb der in Leipzig lebende Autor Ulrich Kroemer in seinem viel beachteten Buch RB Leipzig – Aufstieg ohne Grenzen (Verlag: DIE WERKSTATT, 2016).

EMIL FORSBERG – »ONCE IN A LIFETIME«

Vorkommnisse wie diese ließen die Leipziger von Anfang an enger zusammenrücken. »Momentan«, sagte Aufstiegs-Macher Ralf Rangnick nach dem Bundesliga-Einzug 2016 in einem Interview mit Ulrich Kroemer, »nehme ich es so wahr, dass wir ein verschworener Haufen sind. (…)«
Ein klassischer Rangnick-Transfer brachte Leipzig am 8. Mai 2016 mit dem ersten Tor beim 2:0 gegen den Karlsruher SC in die Bundesliga. Es war Emil Forsberg, von Rangnick vom schwedischen Champions-League-Teilnehmer Malmö FF für die Zweite Liga geholt.
Dass der Schwede in Leipzig mit 71 Toren aus 325 Pflichtspielen zur absoluten Klub-Legende werden sollte, konnte zu diesem frühen Zeitpunkt der RBL-Story kaum jemand ahnen.
Forsberg spielte den Red-Bull-Doppelpass zwischen Motorsport und Fußball mit am besten. Im August 2022 stieg er in den Oracle-Red-Bull-Formel-1-Zweisitzer – gemeinsam mit Formel-1-Legende David Coulthard.
Mit 720 PS durch die Straßen von Leipzig – für den motorsportaffinen Forsberg war die Fahrt im Zweisitzer, dessen Cockpit identisch mit den Eigenschaften eines F1-Rennwagens ist, ein »Once-in-a-Lifetime-Erlebnis«.
»Der Topspeed liegt bei 320 km/h. Näher kann man einem Beifahrer das Gefühl, einen Formel-1-Wagen zu fahren, nicht bringen«, bestätigte der 13-malige Grand-Prix-Sieger David Coulthard.
Emil Forsberg hat auch diejenigen nicht vergessen, die ihm auf dem Weg nach oben – mit Leipzig gewann der offensive Mittelfeldspie-

Christopher Nkunku mit dem DFB-Pokal nach dem Finalsieg von RB Leipzig gegen den SC Freiburg am 21. Mai 2022 in Berlin.

Willi Orban stemmt nach dem Finalsieg von RB Leipzig gegen Eintracht Frankfurt am 3. Juni 2023 den DFB-Pokal in die Höhe.

Christopher Nkunku (r.) im Bild im DFB-Pokalfinale 2023 gegen Eintracht Frankfurt, wurde in der Saison 2022/2023 auch Bundesliga-Torschützenkönig.

Beim Mannschaftsbus (Foto oben) und beim Pokalsieger-Truck setzt RB Leipzig auf Fahrzeuge von MAN.

RB Leipzig gelang es seit dem Bundesliga-Aufstieg 2016, die Fußballfans in Ostdeutschland zu mobilisieren, hier 2019 in einem Fan-Sonderzug, gebildet aus ehemaligen Bundesbahn-Waggons im Berliner Hauptbahnhof.

Leipzig-Kapitän und Kämpfer Willi Orbán in Aktion, im DFB-Pokalfinale 2023 gegen Eintracht Frankfurt.

ler drei nationale Titel – geholfen haben.
2017 schenkte er seinem Berater Hasan Cetinkaya aus Dankbarkeit einen Ferrari. »Er hat mich vom kleinen Sundsvall dorthin gebracht, wo ich jetzt bin, und immer an mich geglaubt«, sagte der schwedische Nationalspieler der Zeitung Aftonbladet, »ein Ferrari als Geschenk, das ist nicht merkwürdig, er hat es sich verdient.«
Bei dem Geschenk handelte es sich laut dem Portal tag24.de um einen Ferrari 458 – einen etwa 200.000 Euro teuren Sportflitzer mit mindestens 570 PS.

2023: »SIEGER FAHREN MAN«

Einen besonderen Titel feierte RBL 2023: DFB-Pokalsieger gegen Eintracht Frankfurt (2:0) in Berlin.
Am Tag danach fuhren die DFB-Pokal-Gewinner mit einem MAN-Truck durch die Bachstadt. Motto: »Sieger fahren MAN«. Dann zeigte sich die Mannschaft um Trainer Marco Rose, einen gebürtigen Leipziger, an der Festwiese nahe der Red Bull Arena den wartenden Fans – und ließ den DFB-Pokal kreisen.
Auch zu den Spielen, an deren Ende es keine Trophäen zu gewinnen gibt, fährt Leipzig MAN. Der RB-Klub schloss 2024 eine Partnerschaft mit dem in München ansässigen Nutzfahrzeughersteller. Leipzig setzte seither auch mit seinem zweiten Mannschaftsbus aus dem Hause MAN auf ein prämiertes Erfolgsmodell. Der MAN Lion's Coach L wird von einem effizienten 480 PS starken Sechszylinder-Dieselmotor angetrieben.

BMW, MINI UND DIE REGION

Wie sehr sich der als »Dosenklub« geschmähte Leipziger Lokalmatador für die Region einsetzt, zeigte auch die 2024 mit der BMW Group eingegangene Auto-Partnerschaft. Der Münchner Automobilhersteller mit Werk in Leipzig stattet seither die Profimannschaft und den Klub mit elektrifizierten Fahrzeugen der Marken MINI und BMW aus. Die Spieler fahren seitdem den in Leipzig produzierten vollelektrischen MINI Countryman.

WERNER EISKALT – IM FERRARI

2025 verlor RB Leipzig am letzten Spieltag zu Hause gegen den VfB Stuttgart. Damit war die erste Saison ohne Europacup-Teilnahme seit dem Bundesliga-Aufstieg perfekt.
Für einen, der die turbulenten ersten Jahre mitgeprägt hatte, war damit de facto Schluss in Leipzig: Timo Werner.
Nach einer Leihe zu den Tottenham Hotspur war für Werner im RB-Kader kein Platz mehr.
Werner fuhr auf dem Trainingsgelände der »Roten Bullen« am Cottaweg ungeniert in einem mattroten Ferrari Purosangue vor.
Dieser SUV, dessen Name in der italienisch-deutschen Übersetzung »Vollblut« bedeutet, war der erste Viertürer in 75 Jahren Ferrari. Er kommt bei 725 PS auf eine Spitzengeschwindigkeit von 310 km/h.
Einen offiziellen Dienstwagen, einen BMW-Elektro-MINI, erhielt Timo Werner, der Rekordtorschütze von RB Leipzig in der Bundesliga, nicht beziehungsweise nicht mehr. Trotzdem war das Vorfahren im Ferrari ein Affront – die RBL-Profis sind vertraglich verpflichtet, in den Sponsorenautos zum Training zu kommen.
Das war Werner egal, er saß seine Zeit in Leipzig entweder auf der Bank oder auf der Tribüne ab. Zwischen September und Dezember 2025 kam er in den Auswärtsspielen beim VfL Wolfsburg (1:0) und bei Union Berlin (1:3) auf zwei Einsatzminuten.
Sein letzter von 216 Pflichtspiel-Auftritten für RB Leipzig dauerte am 20. Dezember 2025 gegen Bayer Leverkusen (1:3) elf Minuten.
Im Januar 2026 schloss er sich dem San Jose Earthquakes an.
Eigentlich schade, aber auch in Leipzig gehen die Bundesliga-Uhren nicht anders als anderswo.